"十三五"国家重点出版物出版规划项目 现代土木工程精品系列图书
黑龙江省优秀学术著作 / "双一流"建设精品出版工程

碱激发矿渣胶凝材料砌块砌体设计

DESIGN OF ALKALI-ACTIVATED SLAG CEMENTITIOUS MATERIAL BLOCK MASONRY

郑文忠 焦贞贞 王 英 著

哈爾濱工業大學出版社
HARBIN INSTITUTE OF TECHNOLOGY PRESS

内 容 简 介

本书主要介绍以下内容:碱激发矿渣净浆和碱激发矿渣陶砂砂浆的性能;碱激发矿渣陶粒混凝土空心砌块砌体和实心砖砌体的轴心抗压性能,并提出了它们的应力-应变全曲线方程;碱激发矿渣陶砂砂浆砌筑的混凝土空心砌块砌体的抗剪性能、弯曲抗拉性能和轴心抗拉性能,并给出了相应砌体的计算指标。

本书可作为高等学校结构工程专业的参考教材,也可供有关科研、设计和施工管理的技术人员参考使用。

图书在版编目(CIP)数据

碱激发矿渣胶凝材料砌块砌体设计/郑文忠,焦贞贞,王英著.—哈尔滨:哈尔滨工业大学出版社,2021.4

ISBN 978-7-5603-8645-4

Ⅰ.①碱… Ⅱ.①郑… ②焦… ③王… Ⅲ.①碱矿渣混凝土-砌块-砌体结构-高等学校-教材 Ⅳ.①TU528.2

中国版本图书馆 CIP 数据核字(2020)第 021265 号

策划编辑 王桂芝 苗金英
责任编辑 庞 雪 杨 硕
出版发行 哈尔滨工业大学出版社
社 址 哈尔滨市南岗区复华四道街 10 号 邮编 150006
传 真 0451-86414749
网 址 http://hitpress.hit.edu.cn
印 刷 哈尔滨圣铂印刷有限公司
开 本 720mm×1000mm 1/16 印张 11.25 字数 182 千字
版 次 2021 年 4 月第 1 版 2021 年 4 月第 1 次印刷
书 号 ISBN 978-7-5603-8645-4
定 价 58.00 元

前　　言

我国每年粒化高炉矿渣产量达数亿吨，其中 20% ~30% 的矿渣用作混凝土矿物掺合料，其余 70% ~80% 的矿渣依然被当作固体废弃物闲置。研发碱激发矿渣胶凝材料是为了更有效地对这些过剩的矿渣进行资源化利用。碱激发矿渣胶凝材料是以粒化高炉矿渣为原材料，采用适当的碱性激发剂激发，经搅拌而成的胶凝材料。碱激发矿渣净浆 1 d 的抗压强度最高可达 102 MPa，同时碱激发矿渣胶凝材料具有快硬早强、耐久性能和耐高温性能好等特点。但由于碱激发矿渣胶凝材料收缩大，成形过程中易开裂，因此，提出了在碱激发矿渣胶凝材料中填充不存在收缩的填充物的设想，以减少收缩。陶粒、陶砂经过高温烧制而成，用合理配比的碱激发矿渣陶砂砂浆替代普通的水泥砂浆或混合砂浆作砌筑浆体和用合理配比的碱激发矿渣陶粒混凝土替代普通硅酸盐水泥混凝土来制备砌块，符合土木工程绿色发展的要求。

本书共分 7 章：第 1 章绪论；第 2 章介绍碱激发矿渣净浆的性能；第 3 章介绍碱激发矿渣陶砂砂浆的性能；第 4 章介绍碱激发矿渣陶粒混凝土砌块砌体的轴心抗压性能；第 5 章介绍碱激发矿渣陶粒混凝土空心砌块砌体的抗剪性能；第 6 章介绍碱激发矿渣陶粒混凝土空心砌块砌体的弯曲抗拉性能；第 7 章介绍碱激发矿渣陶砂砂浆砌筑的空心砌块砌体的轴心抗拉性能。

本书的相关工作得到了国家自然科学基金（51478142、50678050）的资助。研究生焦贞贞、黄文宣、周显昱、李东辉、邹梦娜、赵宇健、敖日格乐等为本书的出版做了大量的具体工作。

限于作者水平，书中疏漏及不妥之处在所难免，敬请读者批评指正。

哈尔滨工业大学　郑文忠

2021 年 1 月

目　　录

第1章　绪　　论

1.1　研究背景

砌体结构量大面广，而由于黏土砖具有良好的物理力学性能，易于就地取材，造价低廉，因此过去其一直在砌体结构工程建设中发挥重要作用。但是，若按我国每年生产5 000亿块黏土砖计算，耗土量约为14亿立方米，相当于20多万亩农田被毁坏。传统的砌体存在自重大、强度低、生产能耗高、毁田严重等问题。

我国每年粒化高炉矿渣产量达数亿吨，其中20% ~ 30% 的矿渣用作混凝土矿物掺合料，其余70% ~ 80% 的矿渣依然被当作固体废弃物闲置。研发碱激发矿渣胶凝材料是为了更有效地对这些过剩的矿渣进行资源化利用。碱激发矿渣胶凝材料是以粒化高炉矿渣为原材料，采用适当的碱性激发剂激发，经搅拌而成的胶凝材料。与普通硅酸盐水泥相比，碱激发矿渣胶凝材料生产工艺简单，具有快硬早强、高强、耐久性能优异、耐高温等特点，是一种绿色环保材料。但由于碱激发矿渣胶凝材料收缩大，成形过程中易开裂，因此，提出了在碱激发矿渣胶凝材料中填充不存在收缩的填充物的设想，以减少收缩。碱激发矿渣胶凝材料的耐火性能好，在温度不高于600 ℃ 时，其力学性能不降低；陶粒、陶砂是经过高温烧制而成的，具有保温、隔热、耐火等优点。因此，用合理配比的碱激发矿渣陶砂砂浆替代普通的水泥砂浆或混合砂浆用作砌筑浆体，以及用合理配比的碱激发矿渣陶粒混凝土替代普通硅酸盐水泥混凝土来制备砌块，符合国家大力发展绿色建材的要求，具有很大的发展前景。

1.2 碱激发胶凝材料的制备

碱激发胶凝材料的应用可追溯到将高岭土、白云岩、草木灰以及硅石的混合物与水和强碱(NaOH 和 KOH) 拌和反应生成矿物聚合黏结剂,从而制成人造石。1940 年,比利时的 Purdon 首次以矿渣为原料,以 NaOH 或碱金属盐为激发剂制备了无熟料水泥。从此,碱激发胶凝材料的研究便拉开了帷幕。碱激发胶凝材料具有快硬高强、耐高温、耐酸腐蚀等优异性能,使这类无熟料水泥的新型胶凝材料成为国内外研究的热点。我国清华大学、东南大学、湖南大学、西安建筑科技大学、中国建筑材料科学研究总院、武汉理工大学、哈尔滨工业大学等对碱激发胶凝材料展开了较为深入的研究。

随着对碱激发胶凝材料的深入研究,制备碱激发胶凝材料的原料从高岭土等天然矿物,逐渐演变为碱激发矿渣、粉煤灰、城市污泥等;碱性激发剂种类也从单一的氢氧化物、水玻璃、碳酸盐等发展到复合型激发剂,原料来源的丰富及选择范围的扩大使碱激发胶凝材料的应用得到进一步拓展。针对这些不同碱激发体系的制备技术日趋完善的现状,有关原料种类、激发剂的种类及掺量(激发剂占矿渣质量的百分比)、用水量等影响因素对制备碱激发胶凝材料的影响等方面的研究已取得了一定成果。

碱激发胶凝材料的原料按含钙量的不同,可分为高钙硅铝酸盐材料(矿渣等) 和低钙硅铝酸盐材料(如粉煤灰、高岭土等)。通过对比分析矿渣、高岭土、粉煤灰的碱活性,发现矿渣的碱活性最强,高岭土的碱活性次之,粉煤灰的碱活性最低。常温下,矿渣在碱的激发作用下立即发生反应,其抗压强度显著提高;高岭土在常温下与碱性激发剂反应缓慢,需要长时间的养护才能产生一定的抗压强度;而常温下的粉煤灰在碱的激发作用下反应极慢,并且抗压强度也较差。

对于不同的原料,所选激发剂的种类、掺量等也不尽相同。

常用的碱性激发剂有水玻璃、NaOH、Na_2CO_3 及其两两混合等。水玻璃是一种水溶性硅酸盐,化学式为 $R_2O \cdot nSiO_2$,其中 R_2O 为碱金属氧化物;n 为水玻璃模数,是 SiO_2 与 R_2O 的物质的量的比值。水玻璃又分为硅酸钠水玻璃和硅酸钾水玻璃,硅酸钾水玻璃用于工程技术要求较高的情况,且与硅酸钠水玻璃相比,当水玻璃含量相同时,硅酸钾水玻璃的激发效果更好,这主要是阳离子半径不同导致的。实际工程中一般采用硅酸钠水玻璃,其部分原因是硅酸钾水玻璃价格偏贵。

针对碱激发矿渣胶凝材料,有学者提出,水玻璃比 NaOH 的激发矿渣效果更好,主要原因可能在于:① 水玻璃激发矿渣生成的水化产物(水化硅酸钙、水滑石和水化铝酸四钙等) 比 NaOH 激发矿渣生成的水化产物(氢氧化钙和水化铝酸钙) 的结构更致密,抗压强度也更高;② 当激发剂掺量相同时,与掺 NaOH 的胶凝材料相比,掺水玻璃的胶凝材料凝结时间短,各龄期强度高。因为水玻璃中含水硅酸钠水解生成 NaOH 和含水硅胶,OH^- 起到催化剂的作用,促使反应不断地进行,水硅胶也参与反应,即水玻璃在激发过程中能够起到双重作用,同时由于水玻璃中$[SiO_3(OH)_2]^{2-}$ 的存在,所以硅酸根阴离子缩聚反应速率加快。

激发用碱的掺量对碱激发矿渣胶凝材料的强度起决定性的作用,研究表明,随碱用量的增加材料的强度呈先增大后减小的趋势,因此碱的用量存在一个最佳区间。在水化过程中,当碱用量较少时,反应不能充分进行,矿渣的潜在活性不能被完全激发;当碱用量过多时,过量的碱与空气中的 CO_2 发生反应生成碳酸盐,导致胶凝材料强度降低。此外,由于 OH^- 的浓度过高,反应发生迅速,在矿渣颗粒表面反应生成的水化产物形成一层保护膜,阻止反应进行,导致后期强度发展缓慢。同时,水玻璃模数也是影响碱激发胶凝材料性能的关键参数。因为水玻璃模数决定着水玻璃中硅氧四面体的聚合状态,在高模数水玻璃溶液中,硅氧四面体的聚合度高且单聚体、单体数量少,与低模数的水玻璃相比,其活性较低。此外水玻璃模数越高,其黏度越大。

Wang 等研究碱激发矿渣胶凝材料发现,当激发剂中 Na_2O 含量① 为 3.00% ~5.55%,水玻璃模数为 1.0 ~ 1.5 时,碱激发矿渣胶凝材料抗压强度相对较高。孙小巍等提出水玻璃掺量为4% ~8%,模数为1.4时,碱激发矿渣胶凝材料的强度相对较高。王聪等经试验发现碱激发矿渣胶凝材料中,水玻璃掺量为8%,模数为1.2,水胶比为0.34 时,激发效果最好。郑文忠等通过考察用水量、水玻璃模数及掺量对碱激发矿渣胶凝材料抗压强度的影响,提出用水量占矿

① 本书中 Na_2O 含量均指激发剂中 Na_2O 与矿物粉料的质量比的百分数。

渣质量的35% 和42%,水玻璃掺量为12%,模数为1.0,是碱激发矿渣胶凝材料的优选配比。

对于偏高岭土和粉煤灰,Palomo等和Duxson等研究发现,NaOH和水玻璃复合激发剂的激发效果最好。Davidovits等发现当NaOH和水玻璃复合激发剂的水玻璃模数为1.85时,碱激发偏高岭土材料的强度更高、耐久性更好。王爱国等发现碱激发偏高岭土制备胶凝材料时,水玻璃模数为1.0,Na_2O 含量为8% 时得到的偏高岭土激发效果较好。对于碱激发火山灰胶凝材料,Bondar等提出对于低钙火山灰或未煅烧的含钾沸石的火山灰,最佳水玻璃模数为2.1;对于高钙火山灰或经过煅烧的火山灰,最佳水玻璃模数为3.1。对于碱激发粉煤灰和矿渣胶凝材料,Chi等提出当粉煤灰和矿渣的质量比为1∶1,水玻璃模数为1.0,Na_2O 含量为6%,水灰比为0.5时,胶凝材料的强度更高。对于碱激发煤矸石胶凝材料,周梅等提出当激发剂掺量为26.6%,水玻璃模数为1.0时,碱激发自燃煤矸石-矿渣-粉煤灰地质胶凝材料的28 d抗压强度更高。

除了以胶凝材料的强度作为评价指标外,有学者以其工作性能作为评价指标,并提出优选配比。Aydln等观察到在 Na_2O 含量为2% 和4% 的情况下,水玻璃激发矿渣胶凝材料的流动度随水玻璃模数的增大而增大。Dodiomov研究发现,碱激发矿渣胶凝材料的流动度随水玻璃模数的增大而先增大后减小,并且随 Na_2O 含量的增大也先增大后减小,在水玻璃模数为1.8,Na_2O 含量为8% 时,流动度达到最大。同时研究发现,水玻璃模数和 Na_2O 含量对凝结时间有复合影响作用。当 Na_2O 含量较低时,凝结时间随水玻璃模数的增大而缩短;当 Na_2O 含量较高时,随着水玻璃模数的增大,凝结时间逐渐变长。当水玻璃模数为1.0时,Na_2O 含量越低,初终凝时间越长;当水玻璃模数为2.0时,初终凝时间随 Na_2O 含量的增加而延长;而当水玻璃模数为1.5时,初终凝时间随 Na_2O 含量的变化呈波动状态。

此外,矿渣等矿物掺合料的细度也是影响材料活性的因素之一。郑文忠等通过大量的试验研究发现:① 矿渣比表面积大,即水玻璃和矿渣水化反应的表面积大,碱激发矿渣胶凝材料的早期抗压强度增长较快;② 胶凝材料的需水量随比表面积的增加而增大,致使碱激发矿渣胶凝材料浆体的和易性变差,浆液中的气泡难以排净;③ 比表面积过大,矿渣颗粒表面会过早地生成一层保护膜,影响材料后期抗压强度的增长。故原料存在一个最佳细度，而并非比表面积越大越好。

通过以上研究可发现，各学者提出的优选配比针对不同种类的原料，水玻璃的模数及碱的掺量等影响因素相差较大，甚至对于同种原料，最佳配比的参数也不尽相同。其主要原因在于，即使对于同样一种原料，来源不同，其化学成分及其比例也会出现差异，无法得到统一的认识。

Davidovits 针对碱激发胶凝材料的生成产物中的硅铝（摩尔）比（$n(Si)/n(Al)$），提出了 3 种不同的结晶形态：PS 型（—Si—O—Al—）、PSS 型（—Si—O—Al—O—Si—）和 PSDS 型（—Si—O—Al—O—Si—O—Si—），据此可将生成产物的分子式表达为 $R_x\{(SiO_2)_z—AlO_2\}_n \cdot wH_2O$。随着研究的深入，发现在高岭土中人为地提高 Si 的含量，z 值可以达到4或5甚至更高。因此，生成产物的结晶形态主要取决于 $n(Si)/n(Al)$。而且如果高岭土中 Al 含量过多，Al 不能完全参与反应而有富余，会在早期反应时形成富铝凝胶覆盖于高岭土颗粒表面，对早期强度有利，但凝胶的包裹使得颗粒溶解受阻而影响后期强度的发展。同时，Na 的含量决定溶液碱性的强弱，碱性越强，破坏硅铝质原料中 Si—O 键和 Al—O 键的能力越强。当碱性过低时，高岭土的潜在活性不能被完全激发出来，反应不彻底；反之，过量的碱会使反应发生迅速，导致在颗粒表面形成一层保护膜，阻止反应的进一步发生，同时还会与空气中的 CO_2 反应生成碳酸盐，导致胶凝材料抗压强度降低。此外，由于游离的 Na^+ 过多，在超过四配位 Al 的数量时，反应失去平衡，多余的游离 Na^+ 会形成水合离子，使得体系内自由水分子减少，浆体变稠；另外，OH^- 过多会使体系中溶出的 Ca^{2+} 直接生成 $Ca(OH)_2$，导致其抗压强度下降，并且凝结时间延长。

于是，不少学者从原料的化学组成入手，提出基于 $n(SiO_2)/n(Al_2O_3)$、$n(R_2O)/n(SiO_2)$ 或 $n(R_2O)/n(Al_2O_3)$、$n(H_2O)/n(R_2O)$ 等参数的配比设计。Davidovits 等通过研究碱激发偏高岭土胶凝材料，提出其最佳配比：$n(SiO_2)/n(Al_2O_3)$ 为 3.5 ~ 4.5，$n(Na_2O)/n(SiO_2)$ 为 0.2 ~ 0.48，$n(Na_2O)/n(H_2O)$ 为10 ~ 25。Barbosa等提出碱激发偏高岭土材料的最佳配比：$n(SiO_2)/n(Al_2O_3)$ 为3.3，$n(Na_2O)/n(SiO_2)$ 为0.25，$n(H_2O)/n(Na_2O)$ 为10。Duxson 等研究 NaOH/ 水玻璃复合激发偏高岭土材料发现，$n(Si)/n(Al)$ 在

1.15 ~2.15 之间时，抗压强度和弹性模量均随 $n(Si)/n(Al)$ 增加呈先增大后减小的趋势，当 $n(Si)/n(Al)$ 为 1.90 时，胶凝材料的力学性能最佳。李硕等以偏高岭土和粉煤灰为原料，以水玻璃和 KOH 为复合激发剂制备胶凝材料，发现 $n(SiO_2)/n(Al_2O_3)$ 为 2.65，$n(Na_2O)/n(SiO_2)$ 为 0.2 时，制备的胶凝材料抗压强度达到最大；当 $n(Na_2O)/n(SiO_2) < 0.1$ 时，材料几乎无强度；当 $n(Na_2O)/n(SiO_2) > 0.36$ 时，胶凝材料发生闪凝。张云升等采用正交设计的方法，从宏观和微观两个角度对影响碱激发高岭土胶凝材料的 3 个关键参数 $n(SiO_2)/n(Al_2O_3)$、$n(Na_2O)/n(Al_2O_3)$ 和 $n(H_2O)/n(Na_2O)$ 进行了优化，通过方差分析定量确定出了每个参数的影响规律，并且优选出最优配合比：$n(SiO_2)/n(Al_2O_3)$ 为 4.5，$n(Na_2O)/n(Al_2O_3)$ 为 0.8，$n(H_2O)/n(Na_2O)$ 为 5.0。常利研究碱激发粉煤灰胶凝材料时发现，$n(Si)/n(Al)$ 为 2.5，NaOH 含量为 7.5%，可溶性 SiO_2 含量（与矿物粉料的质量比）为 7.5% 时，所制备的试件性能最优。

此外，除了以上 Si、Al、Na 的比例影响生成产物的强度之外，在碱激发胶凝材料反应过程中，Ca 含量同样起着重要的作用。Ca 组分能够增加反应物结构的无序性，降低原料的聚合程度，与溶液中的硅铝发生反应，生成低钙硅比的水化硅酸钙凝胶或水化硅铝酸钙凝胶，其化合物及早期生成的凝胶能诱发硅铝聚合反应而生成硅铝凝胶，使微观结构更加均匀。同时，Ca 含量决定原料体系是高钙体系还是低钙体系，不同的体系反应产物不同。对于高钙体系，水化产物主要是低钙比的水化硅酸钙和水化硅铝酸钙凝胶，该凝胶呈链状；对于低钙体系，水化产物主要为 N－A－S－H 凝胶，呈三维网络结构。

1.3 碱激发反应机理

碱激发胶凝材料的反应机理分析与碱激发胶凝材料的制备技术、基本性能等息息相关，因此，国内外众多学者对碱激发反应机理展开一系列研究。在 20 世纪 40 年代，Purdon 提出了最早的碱激发反应机理，他认为在水泥硬化过程中 NaOH 起催化作用，NaOH 使水泥中的硅铝酸盐溶解形成硅酸钠和偏铝酸钠，再进一步与 $Ca(OH)_2$ 反应生成硅酸钙和铝酸钙凝胶，同时重新生成 NaOH 继续催化下一轮反应。

Glukhovsky 提出了基于低钙铝硅酸盐碱激发反应的线性模型，把碱激发反应分为3个阶段：① 在强碱作用下铝硅酸盐溶解，活性的铝氧四面体和硅氧四面体盐溶出；② 铝氧四面体和硅氧四面体发生缩聚反应，体系开始凝胶化；③ 凝胶网络结构进一步重组、聚合，生成半晶体类沸石，进而硬化。

Davidovits 针对 NaOH/KOH 激发高岭土胶凝材料，提出了具有代表性的“解聚－缩聚”模型，认为碱激发过程是在碱性环境下 Si—O 键和 Al—O 键的解聚和再聚合形成 —Si—O—Al— 骨架结构的过程。高岭土在碱性溶液中解聚为低聚硅氧四面体和铝氧四面体，再重组，形成三维网状结构的无机高聚物。

Van Deventer 等通过对以高岭土和粉煤灰为原料制备的碱激发胶凝材料的碱激发反应过程的研究，提出反应可分为4个阶段：① 高岭土、粉煤灰在碱性激发剂作用下发生溶解，形成硅酸盐单体和铝酸盐单体；② 硅酸盐单体、铝酸盐单体被溶解后由颗粒表面向颗粒间隙扩散；③ 铝酸盐单体、硅酸盐单体发生缩聚反应，形成硅铝酸盐凝胶相；④ 反应产生的水分逐渐排出，凝胶相硬化。

Fernández-Jiménez 等通过碱激发粉煤灰胶凝材料的微观研究，提出了碱激发反应过程包括4个阶段：① 硅铝酸盐在强碱环境中发生溶解，形成离子体；② 碱进入粉煤灰玻璃体内部，内部开始溶解；③ 玻璃体表面和内部形成硅铝凝胶；④ 体系脱水硬化。此外，反应过程并不是线性的，在反应的早期，溶解作用控制反应的进行，此后，由扩散作用控制反应的进行。

张云升等应用环境扫描电子显微镜原位定量追踪 K－PSDS 型碱激发偏高岭土的水化产物生成、发展、演化的全过程。发现在碱激发反应早期，偏高岭土颗粒松散地堆积在一起，存在许多大空隙；随着龄期的增长，生成的大量海绵状胶体积淀在颗粒表层，并向外扩充；到了反应后期，颗粒被胶体厚厚包裹，空隙被填满，基体变得非常致密。

段瑜芳等针对碱激发偏高岭土胶凝材料的碱激发反应机理，提出水化过程可以分为初始期、诱导期、加速期、减速期以及稳定期。在初始期，偏高岭土表面吸附水和碱离子，以及溶解后的少量四面体结构逐渐聚合放热交叉进行；在诱导期，偏高岭土中的$[AlO_4]^{5-}$和$[SiO_4]^{4-}$不断溶出进入液相，液相中的$[SiO_4]^{4-}$、$[AlO_4]^{5-}$基团浓度不断提高并有少量四面体开始逐渐聚合；在加速期，液相中四面体基团发生聚合，网络结构形成；在减速期，由于扩散阻力增大，同时偏高岭土反应面积减小，液相中的碱含量（NaOH 与粉煤灰的质量比的百分数）降低导致水化速度降低；在稳定期，形成一定聚合度的$[SiO_4]^{4-}$、$[AlO_4]^{5-}$网络结构基本固定。

聂铁苗等对碱激发粉煤灰、高岭土制备的胶凝材料进行 X 射线衍射（XRD）、红外光谱（IR）、扫描电子显微镜（SEM）、核磁共振（NMR）等测试，分析测试结果，提出矿物聚合材料的碱激发反应机理：① 粉煤灰中的铝硅酸盐玻璃相在强碱的作用下首先发生溶解，其中的 Si—O—Si、Al—O—Si 化学键发生断裂；② 断裂之后的硅、铝组分在碱金属离子 Na^+ 和 OH^- 等作用下形成硅、铝低聚体（—Si—O—Na、—Si—O—Ca—OH、$Al(OH)_4^-$、$Al(OH)_5^{2-}$、$Al(OH)_6^{3-}$），而后随着溶液组成和各种离子浓度的变化，这些低聚体又形成凝胶状的类沸石前驱体；③ 类沸石前驱体脱水得到硅铝酸盐非晶相物质。

孙家瑛等通过对碱激发矿渣胶凝材料的碱激发反应机理进行研究，发现在碱性溶液条件下，矿渣玻璃体表面的 Ca^{2+}、Mg^{2+} 等离子吸附了碱溶液中的 OH^-、H^+ 等离子，生成氢氧化物，使矿渣表面玻璃体结构受到破坏。高浓度的 OH^- 进入矿渣玻璃体内部，Ca^{2+} 与 OH^- 和 Na^+ 等离子进行置换反应，进而使矿渣玻璃体的网络结构受到破坏，矿渣玻璃体随之分散、溶解。同时水玻璃水化生成的 $Si(OH)_4$ 与 $Ca(OH)_2$ 反应生成 C－S－H 凝胶，由于凝胶的离子浓度积远远地小于 $Ca(OH)_2$ 的离子浓度积，因此溶液中 Ca^{2+} 浓度下降，促使 $Ca(OH)_2$ 晶体不断溶解，直到消耗完毕，从而浆体的结构变得更为致密，宏观强度随之增加。

刘江等对以水玻璃为激发剂、硅钙渣为主要原料制备的碱激发胶凝材料采用 XRD、IR、TG－DSC（热分析）、ESEM（环境扫描电子显微镜）等手段进行测试分析，发现其产物为低钙硅比的 C－（A）－S－H 凝胶。这些 C－（A）－S－H 凝胶粒子相互分叉搭接，形成致密的三维蜂窝状网络结构。随着龄期的延长，硅钙渣中的 β－C_2S 逐渐参与碱激发反应，产物 C－（A）－S－H 凝胶的聚合程度增大，基体致密程度提高。

郑文忠等对碱激发矿渣胶凝材料的研究表明，矿渣玻璃体的主要结构单元是硅氧四面体$[SiO_4]^{4-}$和铝氧四面体$[AlO_4]^{5-}$，碱性激发剂使玻璃体中的$[SiO_4]^{4-}$、$[AlO_4]^{5-}$结构解离，进而重新排列生成水化硅酸钙（C－S－H）凝胶和水化铝酸钙凝胶。钾水玻璃激发矿渣的过程可大致分为以下3个阶段：

（1）反应初期。水玻璃水解，矿渣尚未参与水化反应，反应式为

$$K_2O \cdot nSiO_2 + 2(n+1)H_2O \longrightarrow 2KOH + nSi(OH)_4 \tag{1}$$

（2）反应早期。水玻璃继续水解，矿渣玻璃体溶解、分散，反应式为

$$O-\underset{\underset{O}{|}}{\overset{\overset{O}{|}}{Si}}-O-Ca-O-\underset{\underset{O}{|}}{\overset{\overset{O}{|}}{Si}}-O + 2KOH \longrightarrow 2O-\underset{\underset{O}{|}}{\overset{\overset{O}{|}}{Si}}-O-K + Ca(OH)_2 \tag{2}$$

（3）反应中后期。硅酸脱水，矿渣完全水化、硬化，反应式为

$$Si(OH)_4 \longrightarrow SiO_2 + 2H_2O \tag{3}$$

$$SiO_2 + m_1Ca(OH)_2 + m_2H_2O \longrightarrow m_1CaO \cdot SiO_2 \cdot (m_1 + m_2)H_2O \tag{4}$$

$$Al_2O_3 + M_1Ca(OH)_2 + M_2H_2O \longrightarrow M_1CaO \cdot Al_2O_3 \cdot (M_1 + M_2)H_2O \tag{5}$$

1.4 碱激发胶凝材料性能研究现状

1.4.1 凝结时间

凝结时间是水泥、砂浆和混凝土的重要性能之一，凝结时间过长或过短都不利于实际工程应用。碱激发矿渣胶凝材料的凝结时间跨度范围很大，有的可以只用几分钟便凝结，有的养护3 d也未能凝结。

Dodiomov通过测试水玻璃模数、氧化钠含量等关键参数不同时的碱激发矿渣胶凝材料凝结时间，发现碱激发矿渣胶凝材料最快在13 min初凝、15 min终凝，最慢在183 min初凝、215 min终凝。这表明可通过改变水玻璃模数和氧化钠含量使碱激发矿渣胶凝材料的凝结时间满足不同需求。

Zivica也研究了NaOH、Na_2CO_3和水玻璃3种不同类型的激发剂对碱激发矿渣胶凝材料凝结时间的影响，发现当激发剂掺量相同时，水玻璃激发矿渣胶凝材料的凝结时间最短，NaOH和Na_2CO_3激发效果相对较弱。这主要是因为当水玻璃作为激发剂时，水化硅酸钙的形成导致凝结较快；当Na_2CO_3作为激发剂时，碳酸钙的形成使反应速率降低，导致凝结时间延长。

Gu等完成了不同温度（7 ℃、15 ℃、20 ℃和30 ℃）下水玻璃模数为1.42、

Na_2O 含量为6%、水灰比为0.3的碱激发矿渣净浆的凝结时间试验。试验结果表明,养护温度对凝结时间的影响显著,7 ℃时的初凝时间为420 min,是20 ℃时凝结时间的10倍左右,建议可通过降低温度的方式来延长凝结时间。

Wang等通过在矿渣中掺加粉煤灰的方式来延长碱激发矿渣胶凝材料的凝结时间。试验结果表明,其他条件不变时,粉煤灰掺量为60%、40%和20%的碱激发矿渣/粉煤灰胶凝材料的终凝时间分别约是粉煤灰掺量为0的碱激发矿渣胶凝材料终凝时间的2.0倍、1.5倍和1.3倍。这是由于矿渣中CaO含量高,粉煤灰中CaO含量低,随着粉煤灰掺量的增大,CaO含量降低,从而降低了水化反应速率。

Lee等研究常温下碱激发矿渣/粉煤灰混凝土的凝结性能时发现,当水灰比为0.38时,碱激发胶凝材料的凝结时间随着NaOH浓度的增大而减小。当NaOH的浓度为4 mol/L时,碱激发胶凝材料的初凝时间是55 min,终凝时间是160 min;当NaOH的浓度从6 mol/L增大至8 mol/L时,初凝时间便从50 min缩短至10 min,终凝时间从114 min降至50 min。这是由于提高NaOH浓度可以有效加速聚合反应从而降低凝结时间。但是也有一些学者发现,存在一个碱的最佳掺量。Karakoc等研究表明,当水玻璃模数为0.5和0.6,Na_2O 含量介于4% ~ 12%时,碱激发铬铁渣胶凝材料的凝结时间随着 Na_2O 含量的增大而先减少后增加。

叶家元等研究了 $CaCO_3$、$CaCl_2 \cdot 6H_2O$、$Ca(OH)_2$、CaO这4种含钙物质对碱激发矿渣/尾矿胶凝材料凝结时间的影响,试验结果表明,当水灰比为0.35、矿渣与尾矿的质量比为1∶3、水玻璃与矿渣和尾矿的质量比为3∶10、CaO含量介于1% ~ 5%、$CaCl_2 \cdot 6H_2O$ 含量介于0.25% ~ 1%、$Ca(OH)_2$ 含量介于0.5% ~ 2%时,碱激发矿渣/尾矿胶凝材料的凝结时间随含钙物质含量的增大而缩短。这主要是由于在高碱条件下,$Ca(OH)_2$ 的溶解度降低,导致 $Ca(OH)_2$ 析出,新的液固界面可作为非均匀成核基体而诱导硅铝凝胶的生成。而当 $CaCO_3$ 含量从1%增加至5%时,碱激发矿渣/尾矿胶凝材料的凝结时间没有变化。这主要是因为 $CaCO_3$ 的溶解度很低,主要发挥微集料效应。

朱晓丽通过在碱激发矿渣胶凝材料浆体中加入新型缓凝剂,发现当缓凝剂掺量为3.5% ~ 5.0%时,碱激发矿渣胶凝材料的初凝时间延长到2 h左右,终凝时间大约为3 h。同时发现这种缓凝剂不仅能有效延缓碱激发矿渣胶凝材料的凝结,而且使碱激发矿渣胶凝材料早期强度和后期强度均有所提高。

闫少杰等研究了粉煤灰掺量对碱激发胶凝材料凝结时间的影响,发现碱激发胶凝材料的初凝时间及终凝时间随着粉煤灰掺量的增大而延长,当粉煤灰掺量大于矿物掺合料总量的40% 时,其缓凝作用明显。

贾屹海通过改变碱含量和水玻璃用量进行碱激发粉煤灰胶凝材料的凝结时间的试验研究,试验结果表明,当水灰比为0.33,水玻璃掺量为25%,碱含量介于2% ~ 12% 时,碱激发粉煤灰胶凝材料的凝结时间随着碱含量的增大而先延长后缩短,碱含量为10% 时,初终凝时间最长,初凝时间达到100 min,终凝时间达到200 min。这主要是因为增加碱含量使粉煤灰溶解出的Si和Al增多,致使其完全聚合需要的时间长,凝结时间从而延长;当碱含量过大时,Na^+ 浓度过高,与 Na^+ 形成水合离子的水分子过多,导致自由水减少,浆体变稠,从粉煤灰颗粒表面溶出的硅酸盐单体和铝酸盐单体迅速聚合,从而导致凝结时间缩短。当水灰比为0.33,碱含量为8%,水玻璃掺量介于16% ~ 31% 时,碱激发粉煤灰胶凝材料的凝结时间随着水玻璃掺量的增大而延长。

1.4.2　流动性

Collins 等采用粉状硅酸钠和液态硅酸钠作为激发剂,研究了激发剂类型对碱激发矿渣混凝土新拌性能的影响,结果表明,与液态硅酸钠激发矿渣混凝土和普通混凝土的工作性能相比,粉状硅酸钠激发矿渣混凝土具有更好的工作性能:30 min 时,粉状硅酸钠激发矿渣混凝土坍落度损失较大;120 min 时,粉状硅酸钠激发矿渣混凝土坍落度损失最小。这是因为与液态硅酸钠相比,粉状硅酸钠溶解较慢,导致初始反应速率较慢。

Aydln 等发现大部分碱激发矿渣砂浆的流动度都高于普通硅酸盐水泥砂浆,当 Na_2O 含量介于2% ~ 4%、水玻璃模数介于0 ~ 1.6时,水玻璃模数越大,碱激发矿渣砂浆的流动度越大。同样,殷素红等表明水玻璃模数越高,碱激发碳酸盐 - 矿渣胶凝材料的流动度越大。这是因为水玻璃模数越高,激发剂碱性越低,水化反应速率越慢,凝胶产物越少,形成的网络结构越弱,屈服应力越低,导致砂浆的流动度越大。

姚运研究外加剂 $BaCl_2$、葡萄糖酸钠和聚羧酸对碱激发粉煤灰胶凝材料流动性的影响，试验结果表明，当水灰比为0.35、Na_2O含量为4%、水玻璃模数为1.5，$BaCl_2$掺量介于0.5%～1.5%、葡萄糖酸钠掺量介于0.1%～0.3%、聚羧酸掺量介于0.1%～0.3%时，其对流动度的改善效果排序为：葡萄糖酸钠>聚羧酸>$BaCl_2$。这主要是因为$BaCl_2$的加入导致粉煤灰颗粒表面沉积物增多，抑制凝胶产生。

张兰芳等通过掺加石灰石粉改善碱激发矿渣砂浆的流动性，发现当水灰比为0.38、砂灰比为3∶1、水玻璃模数为1.0、石灰石粉掺量介于5%～50%时，石灰石粉掺量增大，碱激发矿渣砂浆的流动度越大。这是由于石灰石粉掺量增大，碱激发矿渣砂浆中的矿渣、石灰石粉与水形成的浆体含量增多，改善了砂浆的流动性。

1.4.3 力学性能

碱激发胶凝材料具有早高强的特点，通常在常温养护时抗压强度就可达90 MPa以上。Barbosa等利用碱性激发剂激发偏高岭土制得的胶凝材料，在650 ℃干燥1 h后，其抗压强度达48.1 MPa。韩丹等以经800 ℃煅烧2 h获得的偏高岭土为原料、水玻璃为激发剂得到的胶凝材料，3 d的抗压强度可达56.80 MPa，7 d的抗压强度可达64.30 MPa，分别约达到了28 d抗压强度的78.8%、89.2%。聂轶苗等以粉煤灰、高岭石为原料制备出的矿物聚合物材料，7 d饱和水抗压强度约达到28 d饱和水抗压强度的76.0%。

碱激发胶凝材料的抗压强度高。以煅烧的高岭石为原料，制得的碱激发胶凝材料28 d抗压强度达到了82.37 MPa，有的甚至达到了百兆帕以上。以粉煤灰、高岭石为原料制得的碱激发胶凝材料的28 d抗压强度达到了64.5 MPa。以煤矸石、矿渣和粉煤灰为原料，制备的碱激发胶凝材料的28 d抗压强度可达到65.13 MPa。以矿渣为原料制备的碱激发矿渣胶凝材料，28 d立方体抗压强度实测值达到了94.6 MPa。

Burciaga等发现当Na_2O含量从5%增加到10%时，碱激发胶凝材料的抗压强度提高，Na_2O含量超过10%时材料的抗压强度反而降低。Rashad等也得出了同样的结论，即碱激发矿渣净浆的抗压强度随着Na_2O含量的增加而先增大后减小，当Na_2O含量为3.5%、5.5%、6.5%和10.5%时，材料的抗压强度分别为

28 MPa、33 MPa、47 MPa和35 MPa。这是因为Na_2O含量为10.5%时,Na^+的饱和导致在形成利于力学性能的稳定相时更多的Na并没有发生反应。

Ravikumar等进行了粉末状硅酸钠和NaOH激发矿渣胶凝材料的性能研究,发现碱对矿渣的激发作用取决于碱对矿渣中Si和Al的溶解效率,研究表明,当Na_2O含量从5%增加至15%时,早期和后期抗压强度均有显著的提高,但是当Na_2O含量从15%增加至25%时,抗压强度增幅较小。碱度(OH^-浓度)高会引起Si的溶解和Ca的释放,从而促进大量反应产物的形成。增加Na_2O和SiO_2的含量,碱激发胶凝材料的产物中除了有Ca和Si的摩尔比较低的含Na的C-S-H凝胶外,还会形成富含Si的凝胶。同时还发现,3 d和7 d的抗压强度随着水玻璃模数的增加而线性降低,这是因为水玻璃模数较低(或Na_2O含量较高)时,较高的碱度会促进矿渣颗粒表面的不透水层溶解,从而加快反应速率和产物的形成。但是随着龄期的增长,水玻璃模数较高时后期抗压强度更大,这是因为水玻璃模数较高时形成的是三维硅酸盐骨架结构产物,而水玻璃模数较低时形成的是二维硅酸盐链状产物。

郑文忠等通过对水灰比为0.25、水玻璃模数为2、Na_2O含量为8%的碱激发矿渣胶凝材料力学性能进行研究,发现抗压强度在3 d内增速最快,3 ~ 7 d增速减缓,7 d以后增长缓慢,并趋于稳定;1 d、3 d、7 d的抗压强度分别约是28 d抗压强度的42%、73%、92%。碱激发矿渣胶凝材料的抗拉强度高于普通水泥混凝土。当水灰比为0.5、砂灰比为3∶1、水玻璃模数介于0.8 ~ 1.6、水玻璃掺量(水玻璃与矿渣的质量比)介于10% ~ 20%时,试件尺寸为40 mm × 40 mm × 160 mm的碱激发矿渣砂浆28 d抗折强度介于5.0 ~ 8.5 MPa,是试件尺寸为40 mm ×40 mm × 40 mm的碱激发矿渣砂浆28 d抗压强度的6.4% ~ 14.4%。常温下水灰比为0.35、水玻璃模数为1.0、水玻璃掺量为12%时,碱激发矿渣胶凝材料的28 d轴心抗拉强度达到3.47 MPa,峰值压应变为1.859×10^{-3},弹性模量为3.47×10^4 MPa。常温下,硅酸钠和硅酸钾含量相同时,硅酸钾激发胶凝材料的弹性模量比硅酸钠激发胶凝材料的弹性模量高,但均低于普通硅酸盐水泥的弹性模量。

哈尔滨工业大学的郑文忠团队研究了碱激发矿渣净浆历经100 ~ 800 ℃后力学性能的发展规律,试验结果表明,碱激发矿渣净浆经历600 ℃后抗压强度并没有降低，当经历 800 ℃ 后，其 70.7 mm × 70.7 mm × 70.7 mm 立方体试件的抗压强度与 20 ℃ 时相比降低了 30% 左右，进而提出了碱激发矿渣净浆抗压强度、抗折强度、抗拉强度随历经温度变化的计算模型。Zivica 指出，提高养护温度可以加快碱激发矿渣胶凝材料的反应速率，加速凝结，降低流动度。

哈尔滨工业大学的杨英姿研究了负温环境中碱激发矿渣砂浆力学性能的发展情况，试验结果表明，碱激发矿渣砂浆的抗压强度和抗折强度在 -20 ℃ 时增长缓慢，在 -20 ℃ 下 1 d 的抗压强度约是 28 d 抗压强度的 0.6 倍，早期反应程度高是在 -20 ℃ 下早期强度快速发展的原因。

1.4.4 收缩性能

碱激发胶凝材料的收缩一般分为化学收缩、自收缩和干燥收缩。化学收缩是指水泥水化过程中水化产物的绝对体积小于反应前水泥和水的绝对体积之和的现象；自收缩是指在密封（与外界无水分交换）条件下产生的体积变化；干燥收缩主要是由于材料失水引起的体积变化。

Lee 等研究表明，随着矿渣含量的增加，碱激发胶凝材料的反应速率提高，矿渣中钙含量增加，有助于形成更多的无定形 C-N-A-S-H 凝胶，从而导致浆体密度增大。化学收缩试验的目的是评估由水化反应引起的浆体体积的变化。水泥的化学收缩一般分为 4 个阶段：最初的 30 min 内化学收缩的速度迅速加快（第一阶段）；2 ~ 3 h 之间化学收缩的速度非常慢（第二阶段）；水化反应进入加速期，化学收缩的速度开始迅速加快（第三阶段）；化学收缩的速度继续缓慢加快或停止（第四阶段）。而碱激发胶凝材料则没有这个趋势，尤其是第三阶段的加速期。

Melo 等的研究表明，碱激发矿渣胶凝材料的自收缩远大于普通硅酸盐水泥。激发剂用量是影响自收缩的主要因素，当水灰比为 0.48、水玻璃模数为 1.7 时，Na_2O 含量为 4.5% 和 3.5% 的水玻璃激发矿渣砂浆 7 d 的自收缩值分别约是 Na_2O 含量为 2.5% 的 2.0 倍和 3.8 倍。这是因为激发剂用量增加，水化程度增大，同时也会细化孔径分布，导致自收缩增大。

Gu 等研究了温度为 7 ℃、15 ℃、20 ℃ 和 30 ℃ 时碱激发矿渣胶凝材料的凝结时间、强度发展及收缩性能。试验结果表明，不同的养护温度下，相同龄期

(1 ~ 90 d)的收缩大小趋势为7 ℃ < 15 ℃ < 20 ℃ < 30 ℃,这主要是因为随着养护温度的升高,碱性激发剂与矿渣颗粒之间的反应加速,从而增大了自收缩。

郑娟荣和Lee等均发现与普通硅酸盐水泥相比,碱激发粉煤灰/矿渣胶凝材料的化学收缩值相对较小,普通硅酸盐水泥的化学收缩值约是碱激发胶凝材料的2倍多。但是Lee发现碱激发粉煤灰/矿渣胶凝材料的自收缩值和干燥收缩值相对较大,28 d时碱激发胶凝材料的自收缩值和干燥收缩值分别是普通硅酸盐水泥的3 ~ 4倍和4 ~ 6倍,这是由碱激发胶凝材料干燥造成的高毛细管压力引起的。

Aydln等测试了6个月的碱激发矿渣砂浆的干燥收缩,发现40 d后的干燥收缩基本保持不变;当水玻璃模数为0.4 ~ 1.6、Na_2O含量为4% ~ 8%时,碱激发矿渣砂浆的干燥收缩随着水玻璃模数和Na_2O含量的增大而增大;水玻璃模数为1.2、Na_2O含量为6%的碱激发矿渣砂浆3 d的干燥收缩值便达到了4.0×10^{-3},而同龄期普通硅酸盐水泥的干燥收缩值仅不到0.5×10^{-3}。他认为干燥收缩取决于中孔的水分损失,中孔体积越大,水分越容易损失,干燥收缩值越大。

郑娟荣等对具有相同稠度的碱激发胶凝材料进行化学收缩试验,试验结果表明,碱激发偏高岭石胶凝材料产生化学膨胀,这是由于其产物为无定形类沸石结构,产物体积变大;碱激发矿渣胶凝材料或碱激发粉煤灰胶凝材料产生化学收缩,且龄期越长,化学收缩值越大,但与普通硅酸盐水泥相比,其各龄期的化学收缩值均较小。

钱益想对碱激发粉煤灰 - 矿渣胶凝材料进行自收缩试验,试验结果表明,当水灰比为0.34、水玻璃模数介于0.8 ~ 1.6时,碱激发粉煤灰 - 矿渣胶凝材料的自收缩值随着水玻璃模数的增大而增大。

杨长辉等研究了不同种类碱性激发剂对碱激发矿渣砂浆干燥收缩的影响,试验结果表明,分别以水玻璃(水玻璃模数为1.0)和NaOH作为碱性激发剂,当水灰比为0.4、砂灰比为2∶1、Na_2O含量为4%时,砂浆标准养护1 ~ 60 d的干燥收缩大小顺序为:水玻璃激发矿渣砂浆 > NaOH激发矿渣砂浆 > 水泥砂浆。干燥收缩主要取决于水化产物的组分、结构和形态,一方面由于水玻璃激发矿渣砂浆的主要水化产物为低Ca/Si的C - S - H凝胶,其纤维化程度高,比表面积大,而水泥砂浆生成的高Ca/Si的C－S－H凝胶，比表面积小，较致密；另一方面由于碱激发矿渣砂浆主要是小孔中的水散失，而水泥砂浆主要是大孔中的水散失，小孔失水产生的收缩应力大，导致其收缩大。

碱激发矿渣胶凝材料收缩大的主要原因：① 水玻璃激发矿渣的水化产物为硅凝胶或富硅凝胶，其含水率高，后期脱水导致较大收缩；② 碱激发矿渣胶凝材料中缺少结晶态物质，该物质能够限制胶类物质的收缩，起到类似微集料的作用。

1.4.5 耐久性

与普通硅酸盐水泥相比，碱激发矿渣胶凝材料的水化产物多为类沸石结构且结构中孔隙多为凝胶孔。因此，其孔隙率低且结构致密，孔径分布主要集中在孔径小于 10 nm 的微孔，在高侵蚀环境下，小尺寸的微孔阻碍了有害物质进入其内部，使材料的耐久性得到了保障。Fu 等对碱激发矿渣混凝土进行了 300 次冻融循环，结果显示质量损失率为 0.12% ～0.699%，相对动弹模量均在 90% 左右，并且试件表面几乎看不到剥蚀现象，这表明碱激发矿渣混凝土的抗冻等级在 F300 以上。贾屹海研究发现，碱激发粉煤灰胶凝材料经过 100 次冻融循环，试样仍具有紧密的结构，其抗压强度保持在 80% 以上。

Shi 等通过氯离子渗透电通量研究碱激发矿渣砂浆的渗透性能，研究发现，当普通硅酸盐水泥砂浆替换为水玻璃激发矿渣砂浆时，28 d 电通量约降低了 2/3，表明水玻璃激发矿渣砂浆的抗渗性能更好。曹定国等完成了碱激发矿渣混凝土的抗渗试验，发现 6 h 通电量介于 1 000 ～2 000 C，其抗渗等级达 S40 以上，这是因为该混凝土密实，内部多为封闭小孔，能够限制 Cl^- 等渗透至混凝土内部，使其具有良好的抗渗性。

碱激发胶凝材料耐酸腐蚀。Palomo 等以高岭石为原料制备的碱激发胶凝材料，在质量分数为 5% 的硫酸溶液中的分解率只有硅酸盐水泥的 1/13，在质量分数为5% 的盐酸溶液中的分解率只有硅酸盐水泥的1/12。聂铁苗等以粉煤灰、高岭石为原料制备出的矿物聚合物材料，7 d 制品分别在 0.5 mol/L 硫酸和 1.35 mol/L 盐酸中浸泡 25 d 后，其质量损耗率分别为 4.12% 和 5.62%，而对于普通硅酸盐水泥胶砂 7 d 制品，则分别达到 32.17% 和 19.56%。碱激发胶凝材料有以上性质主要是因为碱矿渣和粉煤灰胶凝材料的水化产物中除含有C－S－H凝胶、长石等产物外，还含有结构类似沸石的产物；而碱激发偏高岭土只有结构类似沸石的产物，这说明碱激发偏高岭土胶凝材料的反应产物中没有极易遭受侵蚀的 $Ca(OH)_2$ 和水化铝酸钙等水化产物存在。

Chi进行了碱激发矿渣混凝土和普通混凝土抗硫酸盐侵蚀性能试验对比，试验结果表明，碱激发矿渣混凝土的质量损失低于普通混凝土，即碱激发矿渣混凝土的耐硫酸盐侵蚀性优于普通混凝土。在相对湿度为80%、温度为60 ℃时，碱激发矿渣混凝土的耐久性随着 Na_2O 含量的提高而改善。Bakharev等指出，将碱激发矿渣混凝土和普通混凝土分别置于 Na_2SO_4 溶液中12个月后，碱激发矿渣混凝土的抗压强度下降约17%，普通混凝土的抗压强度下降约25%。

当孔隙中的水结冰时，产生膨胀，在水泥浆体内部导致内应力的产生并使其开裂，而碱性激发剂对孔溶液的冰点有重要影响。同时，碱激发矿渣胶凝材料有密实的水化产物，内部几乎没有裂纹、气孔并无明显过渡区，因此，该材料具有良好的抗冻性。

李学英等对碱激发高钙粉煤灰砂浆和碱激发矿渣－低钙粉煤灰砂浆的抗冻性与抗碳化性能进行了试验研究，考虑了养护制度、水灰比、含钙量3个影响因素。试验结果表明，对于碱激发高钙粉煤灰砂浆，蒸汽养护的抗冻性和抗碳化性能优于标准养护；而对于碱激发矿渣－低钙粉煤灰砂浆，标准养护时抗冻等级为F300时还未表现出破坏迹象，蒸汽养护时抗冻等级却只能达到F75。对于掺加矿渣的碱激发矿渣－低钙粉煤灰砂浆，蒸汽养护会增加其内部裂纹、孔隙率和有害孔，当砂浆发生冻融时，裂纹不断发展，最终导致内部结构疏松开裂而降低其抗冻性。

1.5　碱激发胶凝材料的应用

碱激发胶凝材料的应用主要包括：①作为无机胶用于植筋和粘贴片材；②可作为掺合料用于制备混凝土，或可通过向碱激发胶凝材料浆体中加入骨料或其自身的破碎骨料制备类混凝土；③固化有毒金属和核料。

在碱激发胶凝材料作为无机胶用于植筋和粘贴片材方面，郑文忠等完成了将碱激发矿渣胶凝材料用作植筋胶在混凝土中植筋的108个试件的拉拔试验和23个用碱激发矿渣胶凝材料粘贴碳纤维布加固梁和板的力学性能试验，通过试验发现：①碱激发矿渣胶凝材料作为胶黏剂在混凝土中植筋并进行拉拔试验时，试件主要出现锥体破坏和钢筋拉断两种比较理想的破坏模式，表明将碱激发矿渣胶凝材料用作胶黏剂在混凝土中植筋试件的锚固性能良好。②单层碳纤维布在碱激发矿渣胶凝材料中浸润并杵捣后，所制作双剪试件的面内剪切强度可达1.34 MPa，与常规环氧树脂胶基本相当。③用碱激发矿渣胶凝材料粘贴碳纤维布加固钢筋混凝土梁，其呈（继纵向受拉钢筋屈服后）碳纤维布被拉断的破坏模式；用碱激发矿渣胶凝材料粘贴碳纤维布加固组合梁，其破坏模式呈（继纵向受拉钢筋屈服后）碳纤维布被拉断和（继纵向受拉钢筋屈服后）混凝土被压碎两种破坏模式，这表明用碱激发矿渣胶凝材料粘贴碳纤维布加固混凝土结构构件是可行的。④用碱激发矿渣胶凝材料粘贴碳纤维布加固梁和板，在有效合理的防火保护措施下，高温作用下的碳纤维布能与混凝土梁、板有效地共同工作，表明用耐高温碱激发矿渣胶凝材料加固混凝土结构构件是可行的。

在制备碱激发混凝土方面，王维才等采用冶金高炉矿渣微粉和复合碱激发剂配制出碱激发矿渣混凝土，其坍落度在160 mm以上，流动性大，工作性能优良；28 d抗压强度达90 MPa，抗折强度达8.36 MPa；7d抗压强度达83.7 MPa，抗折强度达7.47 MPa，属于早高强混凝土。杨长辉等使用碱激发矿渣胶凝材料采用压缩空气发泡方式制备出密度为250 ~ 600 kg/m^3的泡沫混凝土，其导热系数为0.070 ~ 0.139 W/(m·K)，抗压强度为0.6 ~ 3.5 MPa。与普通水泥相比，水玻璃激发的碱激发矿渣胶凝材料制备出的泡沫混凝土和普通水泥基泡沫混凝土有着相近的导热系数，但其抗压强度更高。郑文忠等制备出碱激发矿渣陶粒混凝土，其3 d抗压强度就达到了28 d抗压强度的80%以上，28 d抗压强度最高达到50 MPa以上。同时研究发现，在砂率为35%时，碱激发矿渣陶粒混凝土28 d的干缩率大约为普通混凝土的2.9倍。王晓博完成了碱激发矿渣 - 粉煤灰混凝土短柱轴心受压试验，王聪等、闫少杰等完成了碱激发矿渣 - 粉煤灰梁的试验，试验结果表明，碱激发矿渣 - 粉煤灰混凝土构件的受力性能与普通混凝土构件类似。

在固化有毒金属和核料方面，碱激发胶凝材料具有硅酸盐水泥无法比拟的优点。金漫彤通过利用碱激发胶凝材料对固化生活垃圾焚烧飞灰中重金属的研究，发现固化体中重金属 Cr、Cu、Zn、Hg 和 Pb 的浸出质量浓度分别为 0.292 mg/L、0.108 mg/L、0.006 mg/L、0.003 mg/L和0.003 mg/L，远低于原始飞灰中重金属的浸出质量浓度(0.839 mg/L、0.634 mg/L、3.070 mg/L、0.020 mg/L和57.700 mg/L)。同时，经200 ~ 1 000 ℃ 高温煅烧和15 ~ 55 次冻融循环实验后，重金属浸出质量浓度也远远低于《危险废物鉴别标准 浸出毒性鉴别》(GB 5085.3—2007)中的相关规定。

1.6　砌体基本力学性能研究现状

1.6.1　砌体轴心抗压性能

Mohamad 等完成了 12 个混凝土空心砌块砌体抗压强度试验，其中混凝土空心砌块的尺寸为 390 mm × 140 mm × 190 mm，其抗压强度为 23.1 MPa，直径 50 mm、高 100 mm 的圆柱体水泥石灰混合砂浆的抗压强度为 4.5 ~ 12.8 MPa。试验结果表明，砌块强度和砂浆强度的合理匹配很重要。

Zhou 等完成了 24 个混凝土空心砌块砌体轴心抗压试验，其中混凝土空心砌块的尺寸为 390 mm × 190 mm × 190mm，空心率为 46%，抗压强度为 14.08 ~ 31.18 MPa；砌筑砂浆采用普通水泥砂浆，水灰比介于 0.73 ~ 0.89，砂灰比介于 4.52 ~ 5.53，70.7 mm × 70.7 mm × 70.7 mm 立方体水泥砂浆的抗压强度为 6.31 ~15.55 MPa。试验结果表明，当砂浆抗压强度为 6.31 MPa，砌块抗压强度提高 80% 时，砌体抗压强度提高 60%；当砌块抗压强度为 25.73 MPa，砂浆抗压强度提高 1.5 倍时，砌体抗压强度仅提高 2%。

Sarhat 等搜集了 248 个混凝土空心砌块砌体轴心抗压强度试验数据，发现英国的《砖石工程实施规程 —— 增强和预应力砖砌体的建筑用途》(BS 5628—2005)和澳大利亚的《砌体结构》(AS 3700—2001)明显低估了混凝土空心砌块砌体抗压强度，他们分析了砌块抗压强度、砂浆抗压强度和砌体的高厚比等对砌体抗压强度的影响，建立了以砌块抗压强度和砂浆抗压强度为自变量的混凝土空心砌块砌体抗压强度计算公式：

$$f_{m} = 0.886 f_{b}^{0.75} f_{l}^{0.18} \tag{1.1}$$

式中 f_m—— 砌体的抗压强度;

f_b—— 混凝土空心砌块的抗压强度;

f_1—— 砌筑砂浆的抗压强度。

李保德等对36个植物纤维增强砌块砌体进行了轴心抗压试验研究,砌块的强度等级介于MU5 ~ MU15,砌筑砂浆的强度等级介于Mb5 ~ Mb15。试验结果表明,该砌体的弹性模量和泊松比均随着砌体抗压强度的增大而增大,但是由于试验条件的限制,未得出下降段的受压应力 - 应变曲线。李保德等建议植物纤维增强砌块砌体的抗压强度计算公式采用砌体规范公式(式(1.2)),但是砌体抗压强度试验值与式(1.2)计算值的比值介于0.71 ~ 1.56。

$$f_m = 0.46 f_1^{\alpha}(1 + 0.07 f_2) \tag{1.2}$$

式中 α—— 与块体类别有关的参数;

f_1—— 砌块的抗压强度;

f_2—— 砂浆的抗压强度,当$f_2 > 10$ MPa时,式(1.2)应乘以$(1.1 - 0.01f_2)$。

陈利群完成了36个陶粒混凝土空心砌块砌体的轴心抗压试验,其中陶粒混凝土空心砌块的抗压强度为5.84 ~ 8.14 MPa,空心率为31.5% ~ 46.4%,70.7 mm立方体混合砂浆的抗压强度为6.42 ~ 9.38 MPa。基于试验结果,通过引入空心率影响系数,建立了多排孔陶粒混凝土空心砌块砌体抗压强度计算公式(式(1.3))。基于B. Powell和H. R. Hodgkinson等人提出的应力 - 应变关系模型,陈利群提出了抛物线型的受压应力 - 应变曲线方程(式(1.4))。

$$f_m = \frac{1}{1.3 - 0.47\rho} f_1(0.024 f_2 + 0.5) \tag{1.3}$$

$$\frac{\sigma}{\sigma_0} = \begin{cases} 1.6\left(\dfrac{\varepsilon}{\varepsilon_0}\right) - 0.6\left(\dfrac{\varepsilon}{\varepsilon_0}\right)^2 & \left(0 \leqslant \dfrac{\varepsilon}{\varepsilon_0} \leqslant 1.0\right) \\ 2 - 0.5\left(\dfrac{\varepsilon}{\varepsilon_0}\right) & \left(1 < \dfrac{\varepsilon}{\varepsilon_0} \leqslant 1.6\right) \end{cases} \tag{1.4}$$

式中 f_m—— 砌体的抗压强度;

ρ—— 陶粒混凝土砌块的空心率;

f_1—— 砌块的抗压强度;

f_2—— 砂浆的抗压强度;

σ—— 砌体应力；

σ_0—— 砌体峰值应力；

ε—— 砌体应变；

ε_0—— 砌体峰值应变。

张崇凤完成了24个复合混凝土砌块砌体轴心受压试验，砌块的强度等级为MU7.5和MU5，砂浆强度等级选用M5。试验结果表明，强度高的砌块砌筑的砌体抗压强度高于强度低的砌块砌筑的砌体，泊松比介于0.107～0.239，弹性模量介于1 127.7～1 622.2 MPa。张怀金进行了复合空心砌块砌体轴心受压试验，分析了构造措施对试件抗压性能的影响，提出了适用于该类砌体抗压强度的计算方法。

祝英杰研究了尺寸为590 mm × 590 mm × 190 mm（Ⅰ型）和390 mm × 590 mm × 190 mm（Ⅱ型）的高强混凝土砌块砌体抗压性能，基于试验数据，建立了以砂浆抗压强度和砌块抗压强度为自变量的砌体抗压强度计算公式：

$$f_m = 0.4f_1(1 + 0.017f_2) \quad (\text{Ⅰ 型}) \tag{1.5}$$

$$f_m = 0.7f_1(1 + 0.05f_2) \quad (\text{Ⅱ 型}) \tag{1.6}$$

式中 f_m—— 砌体的抗压强度；

f_1—— 砌块的抗压强度；

f_2—— 砂浆的抗压强度。

刘立新等完成了18个尺寸为240 mm × 370 mm × 720 mm的混凝土普通砖砌体的受压性能试验，讨论了砌筑砂浆的抗压强度、普通砖的抗压强度和砌筑质量对砌体抗压强度的影响，建立了以普通砖的抗压强度和砌筑砂浆的抗压强度为自变量的混凝土普通砖砌体抗压强度计算公式：

$$f_m = 0.16f_1 + 0.47\sqrt{f_1 f_2} \tag{1.7}$$

式中 f_m—— 混凝土普通砖砌体的抗压强度；

f_1—— 混凝土普通砖的抗压强度；

f_2—— 砂浆的抗压强度。

国内学者建立的混凝土砖砌体和砌块砌体等抗压强度计算公式与《砌体结构设计规范》（GB 50003—2011）相协调。《砌体结构设计规范》规定各类砌体的轴心抗压强度按表1.1中的计算公式确定。当用烧结普通砖和烧结多孔砖砌筑砌体时,砖的强度等级介于MU10 ~ MU30,砂浆强度等级介于M2.5 ~ M15;当用混凝土普通砖和混凝土多孔砖砌筑砌体时,砖的强度等级介于MU15 ~ MU30,砂浆强度等级介于Mb5 ~ Mb20;当用蒸压灰砂普通砖和蒸压粉煤灰普通砖砌筑砌体时,砖的强度等级介于MU15 ~ MU25,砂浆强度等级介于M5 ~ M15;当采用混凝土砌块和轻集料混凝土砌块砌筑砌体时,砌块的强度等级介于MU5 ~ MU20,砂浆强度等级介于Mb5 ~ Mb20。不管是普通砖、多孔砖还是混凝土砌块,块体的强度等级均不大于MU30,砂浆的强度等级均不大于M20,而碱激发矿渣陶粒混凝土砌块和碱激发矿渣实心砖的强度等级介于MU7.5 ~ MU30,碱激发矿渣陶砂砂浆的强度等级介于Mb15 ~ Mb60,已突破了过去块材和砌筑浆体的强度范围。同时,碱激发矿渣陶砂砂浆作砌筑浆体时,其收缩大于水泥砂浆、石灰砂浆和混合砂浆,所以开展用碱激发矿渣陶砂砂浆砌筑的碱激发矿渣陶粒混凝土空心砌块砌体和碱激发矿渣陶粒混凝土实心砖砌体的轴心抗压性能研究显得尤为必要。

表1.1 各类砌体的轴心抗压强度 f_m 的计算公式及其系数取值

砌体种类	$f_m = k_1 f_1^{\alpha}(1 + 0.07f_2)k_2$/MPa		
	k_1	α	k_2
烧结普通砖、烧结多孔砖、混凝土普通砖、混凝土多孔砖、蒸压灰砂普通砖、蒸压粉煤灰普通砖	0.78	0.5	当 $f_2 < 1$ 时, $k_2 = 0.6 + 0.4f_2$
混凝土砌块、轻集料混凝土砌块	0.46	0.9	当 $f_2 = 0$ 时, $k_2 = 0.8$
毛料石	0.79	0.5	当 $f_2 < 1$ 时, $k_2 = 0.6 + 0.4f_2$
毛石	0.22	0.5	当 $f_2 < 2.5$ 时, $k_2 = 0.4 + 0.24f_2$

注:k_1 是表征实心砌块高厚比或空心砌块壁的高厚比及表面平整程度的系数;α 是块体强度影响的幂指数,它反映砌块实际抗压强度与砌块所用材料抗压强度之间的影响;k_2 是砂浆强度影响的修正系数;f_1 是块体的抗压强度;f_2 是砂浆的抗压强度。

1.6.2 砌体抗剪性能

Alecci 等完成了18个无横向预压力的砌块砌体沿通缝抗剪性能试验,研究了水泥砂浆、水泥石灰混合砂浆、石灰砂浆3种砂浆对抗剪性能的影响。试验结果表明,当砂浆强度相同时,抗剪强度的大小排序如下:水泥砂浆 > 水泥石灰混

合砂浆 > 石灰砂浆。

Corinaldesi 等指出,与普通水泥砂浆、普通石灰砂浆相比,虽然再生骨料 - 水泥砂浆和再生骨料 - 石灰砂浆的抗折强度、抗压强度和抗拉强度均较低,但是再生骨料砂浆与砖的黏结性能较好,故再生骨料砂浆砌筑的砖砌体抗剪强度较高。这是由于再生骨料的存在降低了砂浆的屈服应力值,使其在较长时间内保持在较低水平,从而影响砂浆的流变特性,砂浆可以更好地渗透到砖表面,从而改善了黏结性能。

Pela 等进行了施加预压力的砌体抗剪性能试验,给出了 Mohr - Coulomb 剪切破坏包络线的表达式(式(1.8))。Wang 等研究了不同应力水平和不同加载条件的砖砌体抗剪性能,建立了砌体抗剪强度与外加正压应力的线性关系。

$$\tau = C - \sigma\tan\varphi = 0.04 - \sigma\tan 35.65^\circ \tag{1.8}$$

式中 τ—— 剪应力;

C—— 黏结力;

σ—— 压应力;

φ—— 内摩擦角。

Sathiparan 等研究了空心率对空心砌块砌体抗剪强度的影响,试验结果表明,所有抗剪试件的破坏都发生在灰缝处。随着空心率的增加,砌体抗剪强度逐渐减小,当空心率从 0 增大至 44% 时,砌体抗剪强度降低为 40%。

Thamboo 等完成了 48 个薄灰缝砌筑的混凝土空心砌块砌体抗剪试验,其中混凝土空心砌块的尺寸为 390 mm × 190 mm × 90 mm;砌筑砂浆采用的是一种专用的聚合物水泥砂浆,直径 50 mm、高 100 mm 的圆柱体砂浆抗压强度为 5.75 MPa。其研究了养护条件和养护龄期对抗剪强度的影响,试验结果表明,薄灰缝砌筑的混凝土砌块砌体抗剪强度介于 0.82 ~ 1.29 MPa,14 d 时湿养护试件的抗剪强度比干养护试件的抗剪强度低 10%,而当龄期至 28 d 和 56 d 时,干养护试件比湿养护试件的抗剪强度分别高约 38.7% 和 43.5%。

陈利群进行了 72 个用 390 mm × 240 mm × 190 mm 的三排孔陶粒混凝土空心砌块和 240 mm × 240 mm × 190 mm 五排孔陶粒混凝土空心砌块,与混合砂浆和陶砂保温砂浆砌筑的多排孔陶粒混凝土空心砌块砌体抗剪试验,多排孔陶粒混凝土空心砌块如图 1.1 所示,其中砂浆的强度介于 6.42 ~ 11.25 MPa,空心率介于31% ~ 46%。引入空心率ρ这一影响系数，建立多排孔陶粒混凝土空心砌块砌体抗剪强度的计算公式（式(1.9)），采用该公式的计算结果与试验值吻合较好。

$$f_{v,m}=\begin{cases}0.089\sqrt{f_2} & (\rho>35\%)\\ 0.089(1-\rho)\sqrt{f_2}+0.17\rho\sqrt{f_2} & (\rho\leqslant 35\%)\end{cases} \tag{1.9}$$

式中　$f_{v,m}$——砌体的抗剪强度；

ρ——陶粒混凝土砌块的空心率；

f_2——砂浆的抗压强度。

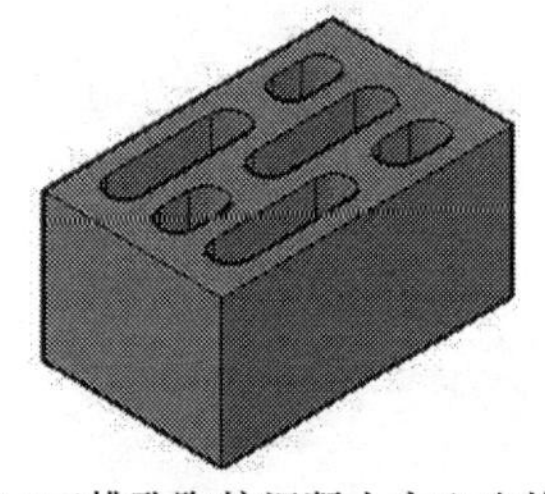

(a)三排孔陶粒混凝土空心砌块

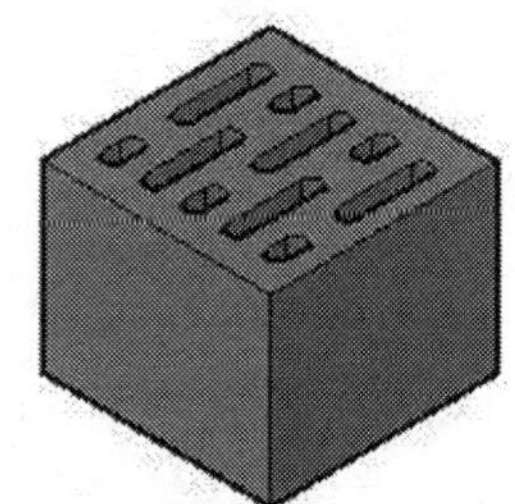

(b)五排孔陶粒混凝土空心砌块

图1.1　多排孔陶粒混凝土空心砌块

朱飞进行了27个空心砌块砌体和35个灌芯砌块砌体试件的抗剪试验，分析了有无预压力、砌块和砂浆强度对砌体抗剪性能的影响。试验结果表明，当砌块强度较高时，空心砌块砌体的抗剪强度与砂浆强度相关；灌芯砌块砌体的抗剪强度还与灌芯率及混凝土强度相关；预压力可明显增加这两种砌块砌体的抗剪强度。韩有鹏提出了考虑空心率的空心砌块砌体抗剪强度的计算公式（式(1.10)）和存在预压力的空心砌块砌体抗剪强度的计算公式（式(1.11)）。

$$f_{v,m}=0.13\xi_p(1-\alpha)f_2 \tag{1.10}$$

$$f_{v,m}^0=0.236+0.861\sigma_y \tag{1.11}$$

式中　$f_{v,m}$——砌体的抗剪强度；

$f_{v,m}^0$——有预压力的砌体抗剪强度；

ξ_p——销键影响系数；

α——空心砌块的空心率；

f_2——砂浆的抗压强度；

σ_y——预压力。

郭樟根等为研究不同砂浆强度对再生混凝土小型空心砌块砌体抗剪性能的影响，完成了36个抗剪试件的试验，并建立了该砌体的抗剪强度计算公式（式(1.12)）。空心砌块的尺寸为390 mm × 190 mm × 190 mm，抗压强度为8.60 MPa；水泥砂浆的抗压强度介于3.74 ~ 6.50 MPa。试验结果表明，抗剪强度随着砂浆强度的增大而增大，由于再生骨料吸水性较大，与普通混凝土砌体相比，其抗剪强度偏低。

$$f_{v,m} = 0.043\sqrt{f_2} \tag{1.12}$$

式中 $f_{v,m}$——再生混凝土空心砌块砌体的抗剪强度；

f_2——砂浆的抗压强度。

董丽完成了40个建筑垃圾再生骨料混凝土砌块砌体抗剪试验，发现砂浆抗压强度对砌体抗剪强度影响较大，当砂浆抗压强度从7.88 MPa增大至10.62 MPa时，对MU10砌块和MU15砌块砌筑的砌体抗剪强度分别提高约8.7%和12.4%。基于试验数据，给出了砌体抗剪强度的计算公式（式(1.13)）。

$$f_{v,m} = 0.052\sqrt{f_2} \tag{1.13}$$

式中 $f_{v,m}$——再生骨料混凝土砌块砌体的抗剪强度；

f_2——砂浆的抗压强度。

《砌体结构设计规范》（GB 50003—2011）规定各类砌体抗剪强度的计算公式为

$$f_{v,m} = k_5\sqrt{f_2} \tag{1.14}$$

式中 $f_{v,m}$——砌体的抗剪强度；

f_2——砂浆的抗压强度；

k_5——与块体类别有关的参数，当用烧结砖和混凝土普通砖砌筑砌体时，$k_5 = 0.125$；当用蒸压灰砂普通砖、蒸压粉煤灰普通砖砌筑砌体时，$k_5 = 0.09$；当用混凝土砌块砌筑砌体时，$k_5 = 0.069$。

国内很多学者进行了水泥砂浆或水泥石灰混合砂浆砌筑的砌体抗剪性能试验研究，建立的相关砌体抗剪强度计算公式与《砌体结构设计规范》相符合。各抗剪强度预估值与实测值比值的平均值介于0.73 ~ 1.31，离散性较大，这可能是因为考虑的影响因素过于单一，即仅考虑了砂浆抗压强度的影响。由于水灰比和砂灰比也影响砂浆的抗压强度，因此，对于砌体抗剪性能除考虑砂浆的抗压强度外，水灰比和砂灰比的影响也不容忽视。同时，考虑到碱激发矿渣陶砂砂浆的力学性能和工作性能不但与水灰比和砂灰比有关，而且应该与 Na_2O 含量和水玻璃模数有关，所以用碱激发矿渣陶砂砂浆砌筑的碱激发矿渣陶粒混凝土空心砌块砌体的抗剪性能应具有其自身新的特点。

1.6.3 砌体轴心抗拉性能

韦展艺等完成了 24 个尺寸为 240 mm × 570 mm × 990 mm 的蒸压粉煤灰砖砌体的轴心抗拉试验，其中水泥砂浆抗压强度等级为 M7.5 ~ M15，蒸压粉煤灰砖的尺寸为 115 mm × 240 mm × 53 mm，抗压强度等级为 MU15。试验表明，砌体的破坏均是沿齿缝剪切破坏，这主要是因为不饱满的竖向灰缝是薄弱点，从而降低了竖向灰缝内砂浆和砖的黏结性。试验还发现当砂浆强度超过 M10 后，砌体轴心抗拉强度增长幅度变小。

魏威炜等为了对蒸压粉煤灰砖砌体进行轴心抗拉试验，对试验方法进行了探讨。采用在试件端部埋设钢筋的方法，通过自制水平加载架加载，经试验证明该方法切实可行。

《砌体结构设计规范》给出了轴心抗拉强度随砌筑砂浆抗压强度 1/2 次幂线性增大的计算公式：

$$f_{t,m} = k_3 \sqrt{f_2} \tag{1.15}$$

式中 $f_{t,m}$—— 砌体的轴心抗拉强度；

f_2—— 砂浆的抗压强度；

k_3—— 与块体类别有关的参数，当用烧结砖和混凝土普通砖砌筑砌体时，$k_3 = 0.141$；当用蒸压灰砂普通砖、蒸压粉煤灰普通砖砌筑砌体时，$k_3 = 0.09$；当用混凝土砌块砌筑砌体时，$k_3 = 0.069$。

不论是已有文献，还是现行规范都认为砌体的轴心抗拉强度仅与砌体种类和砌筑砂浆的抗压强度有关，但是砌筑砂浆的水灰比和砂灰比也对砌筑砂浆的工作性能、力学性能和收缩性能有重要影响：水灰比越大，砂浆的收缩越大；砂灰比越大，砂浆的收缩越小，但工作性能越差。碱性激发剂用量和水玻璃模数的不同会影响碱激发矿渣陶砂砂浆的工作性能和力学性能。因此，开展用碱激发矿渣陶砂砂浆砌筑的砌体轴心受拉性能试验研究具有现实意义，考虑水灰比、砂灰比、Na_2O含量、水玻璃模数和砂浆抗压强度对砌体轴心抗拉强度的影响可能会降低所建立公式的计算值与实测值比值的离散性。

1.6.4 砌体弯曲抗拉性能

Jonaitis等完成了17个沿通缝截面和沿齿缝截面的硅酸钙混凝土空心砌块砌体的弯曲抗拉强度试验。其中,硅酸钙混凝土空心砌块的尺寸为150 mm × 198 mm × 340 mm,抗压强度为24.7 MPa,空心率为13.90%;砌筑砂浆的尺寸为40 mm×40 mm×40 mm,抗压强度为7.59 ~ 11.11 MPa。试验表明,砌体砌筑过程中砌块的润湿与否影响砌体弯曲抗拉性能,与用干燥砌块砌筑的砌体相比,润湿后的砌块砌筑的砌体沿通缝截面和沿齿缝截面的弯曲抗拉强度分别提高约2.6倍和1.2倍。

Thamboo等完成了27个薄灰缝砌筑的混凝土空心砌块砌体沿通缝截面的弯曲抗拉性能试验。其中,砌块的尺寸为390 mm × 190 mm × 90 mm;砌筑砂浆采用的是一种专用的聚合物水泥砂浆,直径50 mm、高100 mm的圆柱体砂浆抗压强度为5.75 MPa。其研究了养护条件和养护龄期对弯曲抗拉强度的影响,试验结果表明,薄灰缝砌筑的混凝土砌块砌体的弯曲抗拉强度介于0.77 ~ 0.95 MPa,14 d时湿养护试件的弯曲抗拉强度比干养护试件的弯曲抗拉强度低约11.5%,而当龄期至28 d和56 d时,干养护试件比湿养护试件的弯曲抗拉强度分别高7.3% 和14.3%。

Nalon等完成了18个不同强度等级的砌块和砌筑砂浆对混凝土空心砌块砌体弯曲抗拉性能影响的试验。其中,砌块的尺寸为140 mm × 190 mm × 390 mm,空心率为55%,抗压强度为10.9 ~ 14.8 MPa;砌筑砂浆采用水泥石灰混合砂浆,直径50 mm、高100 mm的圆柱体砂浆的抗压强度为3.9 ~ 18.4 MPa。试验结果表明,当使用低强砂浆时,砌块强度的增加对砌体弯曲抗拉强度的影响较小;当使用高强砂浆时,砌体弯曲抗拉强度提高幅度较大。虽然砌体弯曲抗拉强度随着砂浆抗压强度的增大而增大,但是并不建议用非常高强度的砂浆,因为它们会导致砌体受压破坏时脆性较大。

Thamboo等完成了108个薄灰缝砌筑的混凝土砌块砌体弯曲抗拉性能试验,研究了聚合物含量(体积分数)为2% ~ 4% 的3种聚合物水泥砂浆、4种砂浆分散方法(刷子刷、滚轮滚、浸泡、抹平)、粗糙和平滑的砌块表面纹理对砌体的弯曲抗拉强度的影响。试验结果表明,薄灰缝砌筑的砌块砌体的弯曲抗拉强度高于传统砌体,弯曲抗拉强度介于0.42 ~ 1.37 MPa,这是由于聚合物砂浆的抗折强度大于其抗压强度的50%,而传统砂浆的抗折强度仅是其抗压强度的10%左右;砌块表面光滑的砌体的弯曲抗拉强度高于砌块表面粗糙的砌体的弯曲抗拉强度,这是由于粗糙表面的砌块在加载过程中产生应力集中,导致砌体黏结强度下降。

杜云丹完成了24个页岩多孔砖砌体沿通缝和沿齿缝的弯曲抗拉试验。其中,页岩多孔砖尺寸为240 mm × 115 mm × 90 mm,空心率为25.5%,抗压强度为25.85 MPa;水泥砂浆的抗压强度为8.1 ~ 21.2 MPa。试验结果表明,多孔砖孔洞中的砂浆销键对砌体弯曲抗拉强度的提高起了重要作用。同时,基于试验数据,建立了以砂浆抗压强度为自变量的弯曲抗拉强度计算公式(式(1.16)和式(1.17)),沿通缝和沿齿缝弯曲抗拉强度的计算公式预估值与实测值比值分别介于0.77 ~ 0.93和0.75 ~ 0.83。

$$f_{\mathrm{tm,m}} = 0.185\sqrt{f_2} \quad (\text{沿通缝}) \tag{1.16}$$

$$f_{\mathrm{tm,m}} = 0.360\sqrt{f_2} \quad (\text{沿齿缝}) \tag{1.17}$$

张中脊等完成了30个蒸压粉煤灰砖砌体弯曲抗拉强度试验,其中蒸压粉煤灰砖的抗压强度为14.5 ~ 21.4 MPa,70.7 mm立方体水泥混合砂浆的抗压强度为3.5 ~ 10.7 MPa。试验结果表明,沿通缝弯曲抗拉试件均在砂浆处破坏,沿齿缝弯曲抗拉试件的破坏形式有沿砂浆灰缝破坏和沿砖截面破坏两种。基于试验数据,分别建立了沿通缝和沿齿缝弯曲抗拉强度的计算公式(式(1.18)和式(1.19)),沿通缝和沿齿缝弯曲抗拉强度的计算公式预估值与实测值比值分别介于0.44 ~ 1.53和0.59 ~ 1.39。

$$f_{\mathrm{tm,m}} = 0.07\sqrt{f_2} \quad (\text{沿通缝}) \tag{1.18}$$

$$f_{\mathrm{tm,m}} = 0.25\sqrt{f_2} \quad (\text{沿齿缝}) \tag{1.19}$$

黄榜彪等完成了18个865 mm × 240 mm × 190 mm(沿通缝)和1 240 mm × 240 mm × 190 mm(沿齿缝)混凝土多排孔砖砌体弯曲抗拉强度试验。其中,混凝土多排孔砖的尺寸为240 mm × 190 mm × 115 mm,抗压强度介于8.6 ~ 16.7 MPa;70.7 mm立方体水泥砂浆的抗压强度介于4.8 ~ 12.6 MPa。基于试验数据,分别建立了沿通缝和沿齿缝弯曲抗拉强度的计算公式(式(1.20)和式(1.21)),沿通缝和沿齿缝弯曲抗拉强度的计算公式预估值与实测值比值分别介于0.92 ~ 1.65和0.86 ~ 1.45。

$$f_{\mathrm{tm,m}} = 0.41\sqrt{f_2} \quad (\text{沿通缝}) \tag{1.20}$$

$$f_{\mathrm{tm,m}} = 0.54\sqrt{f_2} \quad (\text{沿齿缝}) \tag{1.21}$$

陈小萍完成了6个陶粒增强加气混凝土砌块砌体的弯曲抗拉性能试验。其中,砌块的尺寸为600 mm × 240 mm × 200 mm,抗压强度为5.7 MPa;砌筑砂浆采用M7.5的专用砂浆。试验结果表明,沿通缝和沿齿缝的砌块砌体多属于脆性破坏,且由于破坏时砌块均被拉断,所以沿通缝截面和沿齿缝截面的弯曲抗拉强度比较接近,分别为0.52 MPa和0.65 MPa。陈小萍提出应对我国现行规范公式中的与砌块类别有关的参数进行修正,且应在公式中增加考虑砌块强度对砌体弯曲抗拉强度的影响。

童丽萍等完成了18个890 mm × 240 mm × 240 mm黄河淤泥多孔砖砌体沿通缝截面的弯曲抗拉试验。其中,240 mm × 115 mm × 90 mm的黄河淤泥多孔砖的抗压强度为23.02 MPa,70.7 mm立方体水泥石灰砂浆的抗压强度介于8.04 ~ 16.00 MPa。试验结果表明,沿通缝截面的弯曲抗拉强度随着砂浆强度的增大而增大。基于试验数据,建立以砂浆强度为自变量的弯曲抗拉强度的计算公式(式(1.22)),弯曲抗拉强度的计算公式预估值与实测值比值介于0.95 ~ 1.05。

$$f_{\mathrm{tm,m}} = 0.125\sqrt{f_2} \quad (\text{沿通缝}) \tag{1.22}$$

张锋剑等研究了再生砂浆砌筑的多孔砖砌体的弯曲抗拉性能,完成了40个多孔砖砌体弯曲抗拉试验。试验结果表明,再生骨料取代率应控制在30%以内,再生砂浆多孔砖砌体的弯曲抗拉强度值均高于规范公式(式(1.23)和式(1.24))的计算值。

$$f_{\mathrm{tm,m}} = 0.125\sqrt{f_2} \quad (\text{沿通缝}) \tag{1.23}$$

$$f_{\mathrm{tm,m}} = 0.250\sqrt{f_2} \quad (\text{沿齿缝}) \tag{1.24}$$

国内很多学者建立的水泥砂浆、水泥石灰混合砂浆和再生砂浆等不同砂浆砌筑的不同种类的砌体弯曲抗拉强度计算公式与《砌体结构设计规范》相符合。《砌体结构设计规范》规定各类砌体的弯曲抗拉强度计算公式为$f_{\mathrm{tm,m}} = k_4\sqrt{f_2}$($f_2$

为砂浆的抗压强度），其系数 k_4 的取值见表1.2。上述试验中，砌体的弯曲抗拉强度按其所建立公式的预估值与实测值比值的平均值介于0.44 ~ 1.65，离散性比较大，这或许是因为当砂浆抗压强度相同时，水灰比和砂灰比不同。考虑到水泥砂浆和混合砂浆砌筑的砌体弯曲抗拉性能不但与砂浆抗压强度有关，可能还与水灰比和砂灰比有关，同时，考虑到碱激发矿渣陶砂砂浆的力学性能和工作性能不但与水灰比和砂灰比有关，而且应该还与 Na_2O 含量和水玻璃模数有关，因此，开展用碱激发矿渣陶砂砂浆砌筑的碱激发矿渣陶粒混凝土空心砌块砌体的弯曲受拉性能试验具有现实意义。

表1.2　各类砌体的弯曲抗拉强度计算公式中系数 k_4 的取值

砌体种类	k_4	
	沿通缝	沿齿缝
烧结普通砖、烧结多孔砖、混凝土普通砖、混凝土多孔砖	0.125	0.250
蒸压灰砂普通砖、蒸压粉煤灰普通砖	0.09	0.18
混凝土砌块	0.056	0.081

第2章　碱激发矿渣净浆的性能

2.1　概　　述

本章研究的碱激发胶凝材料是以磨细S95高炉矿渣为主要原料,采用适当的碱性激发剂激发而成。凝结时间、流动度、干燥收缩及抗压强度等是评价材料性能的重要指标。激发剂种类、碱含量、矿渣来源对碱激发矿渣胶凝材料的性能有较大的影响。本章考察两方面内容:一是当水玻璃激发矿渣净浆时,主要考察水灰比、水玻璃模数、Na_2O含量对碱激发矿渣净浆性能的影响;二是当Na_2CO_3-NaOH激发(即Na_2CO_3与NaOH混合激发)矿渣净浆时,重点考察$m(Na_2CO_3)/m(NaOH)$、Na_2O含量对碱激发矿渣净浆性能的影响。

2.2　试验方案

2.2.1　试验原材料

1. 矿渣Ⅰ

矿渣Ⅰ为唐山唐龙新型节能建材有限公司提供的粒化高炉矿渣,矿渣Ⅰ的化学成分和技术指标分别见表2.1和表2.2。矿渣的质量系数是指矿渣中CaO、MgO、Al_2O_3的质量分数之和与SiO_2、MnO、TiO_2质量分数之和的比值,用K表示。它是反映矿渣活性的关键参数,质量系数越大,矿渣活性越高。根据《用于水泥中的粒化高炉矿渣》(GB/T 203—2008),矿渣的质量系数应不小于1.2。矿渣的碱性系数是指矿渣化学成分中碱性氧化物与酸性氧化物的质量分数的比值,用M_0表示。根据碱性系数可将矿渣分为酸性矿渣($M_0 < 1$)、中性矿渣($M_0 = 1$)和碱性矿渣($M_0 > 1$)。活度系数是指 Al_2O_3 与 SiO_2 的质量分数之比,用 M_n 表示。

表 2.1　矿渣 Ⅰ 的化学成分　%

$w(SiO_2)$	$w(Al_2O_3)$	$w(CaO)$	$w(Fe_2O_3)$	$w(K_2O)$	$w(MgO)$	$w(Na_2O)$	$w(SO_3)$	其他
32.83	17.19	36.69	0.38	0.37	8.20	0.65	1.94	1.75

表 2.2　矿渣 Ⅰ 的技术指标

级别	比表面积/($m^2 \cdot kg^{-1}$)	密度/($g \cdot cm^{-3}$)	质量系数 K	碱性系数 M_0	活度系数 M_n
S95	424	2.91	1.89	0.90	0.52

2. **水玻璃 Ⅰ**

本书试验所用水玻璃为硅酸钠水玻璃,其化学式为 $Na_2O \cdot nSiO_2$,n 为水玻璃模数,是 SiO_2 与 Na_2O 的物质的量之比,一般水玻璃模数介于 1.5 ~ 3.5。本试验采用的水玻璃Ⅰ为河北永清县聚利得化工有限公司提供的液态硅酸钠水玻璃,其含水率为 57.6%,模数为 3.2,Na_2O 和 SiO_2 的质量分数分别为 10.3% 和32.10%。

3. NaOH

本试验采用的 NaOH 为天津市大陆化学试剂厂提供的颗粒状分析纯 NaOH,其中 NaOH 的质量分数不小于 96.0%。

4. Na_2CO_3

本试验采用的 Na_2CO_3 为天津市致远化学试剂有限公司提供的粉状分析纯 Na_2CO_3,其中 Na_2CO_3 的质量分数不小于 99.8%。

5. **水**

本试验采用的水为哈尔滨市自来水。

2.2.2　试验配合比

1. 水玻璃激发矿渣净浆的配合比

采用 19 组配合比,首先通过对水玻璃激发矿渣净浆的凝结时间和流动度的初步研究来确定适宜的水灰比，其次通过掺加 NaOH 来调节水玻璃的模数和 Na_2O 含量，来研究水玻璃模数和 Na_2O 含量对水玻璃激发矿渣净浆的凝结时间、流动度、抗压强度和干燥收缩的影响。水玻璃激发矿渣净浆的配合比见表 2.3。

表 2.3　水玻璃激发矿渣净浆的配合比　　kg/m^3

组号	矿渣 Ⅰ	水玻璃 Ⅰ	NaOH	水
M1N6	1 364	247.2	72.6	318.8
M1N8	1 340	323.7	95.1	261.1
M1N10	1 317	397.6	116.8	205.6
M1.2N6	1 356	294.9	65.7	290.1
M1.2N8	1 330	385.6	85.8	224.1
M1.2N10	1 305	472.8	105.2	160.8
M1.4N6	1 349	342.1	58.7	261.8
M1.4N8	1 321	446.6	76.7	187.7
M1.4N10	1 293	546.7	93.9	116.7
M1.6N6	1 342	388.9	51.9	233.8
M1.6N8	1 311	506.7	67.7	151.8
M1.6N10	1 282	619.4	82.7	73.3
M1.8N6	1 334	435.1	45.2	206.1
M1.8N8	1 302	566.0	58.8	116.4
M1.8N10	1 271	690.8	71.8	30.8
M1.2N8 - 0.38	1 279	370.8	82.5	253.9
M1.2N8 - 0.40	1 247	361.6	80.5	272.5
M1.2N8 - 0.42	1 217	352.8	78.5	290.2
M1.2N8 - 0.45	1 174	340.4	75.7	315.2

注：① 组号“M1N6”是指水玻璃模数为1，Na_2O 含量为6%，水灰比为0.35（若不标出水灰比，则其水灰比均为0.35），以此类推；组号“M1.2N8 - 0.38”是指水玻璃模数为1.2，Na_2O 含量为8%，水灰比为0.38，以此类推。

② 表中水为自来水。

③ 水玻璃 Ⅰ 为液态，含水率为57.6%。

④ 水灰比为水与矿渣的质量比，计算水灰比时水包括液态水玻璃中的水、NaOH 按照 $2NaOH \longrightarrow Na_2O + H_2O$ 计算的水和自来水。

2. Na_2CO_3 – NaOH 激发矿渣净浆的配合比

采用15组配合比来研究 $m(Na_2CO_3)/m(NaOH)$ 和 Na_2O 含量对 Na_2CO_3 – NaOH 混合激发矿渣净浆的凝结时间、抗压强度和干燥收缩的影响。Na_2CO_3 – NaOH 激发矿渣净浆的配合比见表2.4，所有配合比中的水灰比为0.35，其中水是由自来水和NaOH中的水($2NaOH \rightarrow Na_2O + H_2O$)组成的。

水玻璃激发剂为水玻璃和NaOH按不同比例混合配制而成，Na_2CO_3 – NaOH 激发剂为 Na_2CO_3 和NaOH按不同比例混合配制而成。试验时，首先将称量好的矿渣与已配制好的降至20～25 ℃的碱性激发剂混合搅拌，慢速搅拌1.5 min、快速搅拌1.5 min后，即可装入各试模中。这里之所以将配制好的激发剂降至20～25 ℃，是因为NaOH溶于水之后释放出大量的热，温度升高会加快化学反应速率，不同的温度会导致碱激发矿渣胶凝材料的凝结时间等性能不同。

表2.4　Na_2CO_3 – NaOH 激发矿渣净浆的配合比　kg/m^3

组号	矿渣 I	Na_2CO_3	NaOH	水
C0N10 – 4	1 416	—	73.1	479.1
C0N10 – 6	1 403	—	108.6	466.8
C0N10 – 8	1 391	—	143.6	454.6
C2N8 – 4	1 411	15.4	61.3	480.2
C2N8 – 6	1 397	22.8	90.9	468.3
C2N8 – 8	1 382	30.0	120.0	456.8
C4N6 – 4	1 406	32.2	48.2	481.4
C4N6 – 6	1 389	47.7	71.6	470.2
C4N6 – 8	1 373	62.9	94.3	459.2
C6N4 – 4	1 401	50.8	33.9	482.7
C6N4 – 6	1 381	75.3	50.1	472.1
C6N4 – 8	1 362	98.9	65.9	461.9
C8N2 – 4	1 395	71.7	17.9	484.1
C8N2 – 6	1 372	105.8	26.5	474.3
C8N2 – 8	1 350	138.7	34.7	464.8

注：组号“C2N8 – 6”是指 Na_2CO_3 与NaOH的质量比为2∶8，Na_2O 含量为6%，以此类推。

2.2.3 试验方法

1. 凝结时间

依据《水泥标准稠度用水量、凝结时间、安定性检验方法》(GB/T 1346—2011),将制备好的碱激发矿渣净浆装入试模(高为40 mm ±0.2 mm、顶内径为65 mm ±0.5 mm、底内径为70 mm ±0.5 mm的截顶圆锥体)中,用维卡仪测定碱激发矿渣净浆的凝结时间。由于碱激发矿渣净浆凝结较快,当维卡仪指针的读数为40时,每5 min测试一次;当维卡仪指针的读数小于40时,每2 min测试一次。目前还没有碱激发矿渣性能试验方面的规范,根据文献,认为当初凝用试针读数达到25时为碱激发矿渣净浆的初凝状态。当初凝用试针读数为5或小于5时,立即将试模翻转180°,每隔2 min用终凝用试针进行测试,当终凝用试针的环形附件不能在试件表面显示印迹时,记录时间,认为此时碱激发矿渣净浆达到终凝状态。初凝时间和终凝时间均是从碱性激发剂加入矿渣中的时刻开始计算的。

2. 流动度

依据《混凝土外加剂匀质性试验方法》(GB/T 8077—2012),将制备好的碱激发矿渣净浆装入截锥圆模(高为60 mm,上口内径为36 mm,下口内径为60 mm)中,用刮刀刮平,将试模垂直提起,同时开始计时。待碱激发矿渣净浆流动30 s时用直尺量取相互垂直的两个方向在铁板上的最大直径,取平均值作为碱激发矿渣净浆的流动度。

3. 抗压强度

依据《水泥胶砂强度检验方法(ISO法)》(GB/T 17671—1999),将制备好的碱激发矿渣净浆装入40 mm×40 mm×160 mm的棱柱体试模中,手动振捣,将塑料薄膜覆盖于试件表面,置于常温试验条件中,待1 d后拆模,拆模后将试件放入标准养护室((20 ±2) ℃,RH > 95%)。龄期是从开始加入碱性激发剂时开始计算的,取龄期为1 d、3 d、7 d、14 d和28 d的试件先进行抗折试验。每组3个

40 mm ×40 mm × 160 mm 棱柱体试件，将每个试件分成两半，然后把单个半截棱柱体放入标准抗压夹具中，以试验机 1.0 kN/s 的加载速率进行抗压试验。以每组 6 个半截棱柱体得到的抗压强度的算术平均值作为试验结果。其中，若 6 个试验值中有 1 个超过平均值的 ±10%，则以剔除这个结果的 5 个试验值的平均值作为试验结果；若这 5 个剩余值中还有超过它们平均值的 ±10% 的，则该组试验结果作废。

4. 干燥收缩

依据《水泥胶砂干缩试验方法》(JC/T 603—2004)，将制备好的碱激发矿渣净浆装入两端已装有收缩头的 25 mm × 25 mm × 280 mm 的棱柱体试模中，手动振捣，将塑料薄膜覆盖于试件表面，置于常温试验室中，待 1 d 后拆模，拆模后立即用比长仪(由百分表、支架和校正杆组成）进行试件的初始测量。之后将试件放入干燥养护室（(20 ±2) ℃，RH = (50 ±5)%）中，每天对试件进行干燥收缩测量，至 28 d 为止。以两个试件干燥收缩率的平均值作为试件干燥收缩的试验结果。

2.3 水玻璃激发矿渣净浆的性能

2.3.1 凝结时间

当水玻璃模数为 1.2、Na_2O 含量为 8% 时，水灰比对水玻璃激发矿渣净浆凝结时间的影响如图 2.1 所示。由图可知，水灰比介于 0.35 ~ 0.45 时，凝结时间随着水灰比的增大而延长，碱激发矿渣净浆的初凝时间介于 17 ~ 38 min，终凝时间介于 25 ~ 48 min。这主要是因为水灰比越大，激发剂的浓度就越低，导致 OH^- 浓度降低，从而导致矿渣玻璃体分解缓慢，水化速率降低，不利于 C－S－H 产生。

当水灰比为 0.35 时，水玻璃模数和 Na_2O 含量对水玻璃激发矿渣净浆凝结时间的影响如图 2.2 所示。水玻璃模数介于 1.0 ~ 1.8 和 Na_2O 含量介于 6% ~ 10% 时，水玻璃激发矿渣净浆的初凝时间和终凝时间分别为 6 ~ 28 min 和 9 ~ 36 min。碱激发矿渣净浆的快速凝结特性主要是因为硅酸钠水玻璃作为碱性激发剂时有大量的

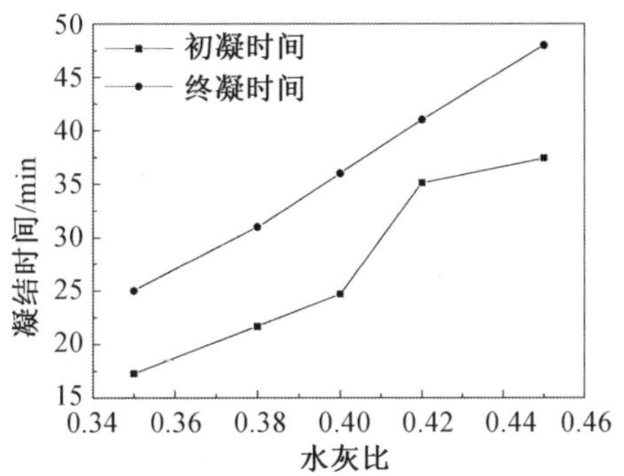

图 2.1　水灰比对水玻璃激发矿渣净浆凝结时间的影响

$[SiO_4]^{4-}$,可促进初始 C－S－H 的快速形成。当水玻璃模数介于 1.2 ～ 1.8 时,碱激发矿渣净浆的初、终凝时间均随着 Na_2O 含量的增大而延长。激发剂中 Na_2O 含量越高,意味着反应初期 OH^- 的浓度越高,导致矿渣中分解的 Ca^{2+} 倾向于先形成 $Ca(OH)_2$ 而不是 C－S－H,从而导致 Ca^{2+} 沉淀时间延长。但是当水玻璃模数为 1.0 时,其初、终凝时间却随着 Na_2O 含量的增大而缩短,当 Na_2O 含量为8% 和10% 时,初、终凝时间均随着水玻璃模数的增大而先延长后缩短。水玻璃激发矿渣净浆的凝结时间不仅与水玻璃模数有关,而且 Na_2O 含量对凝结时间的影响也较为显著。这是因为水玻璃模数的大小决定了$[SiO_4]^{4-}$ 的含量,Na_2O 含量的高低决定了矿渣玻璃体的分解速率,C－(A)－S－H 凝胶的形成速率与凝结时间紧密相连。综上,当水灰比为 0.35 且水玻璃模数介于 1.2 ～ 1.4 时,碱激发矿渣净浆的凝结时间比较适合工程应用。

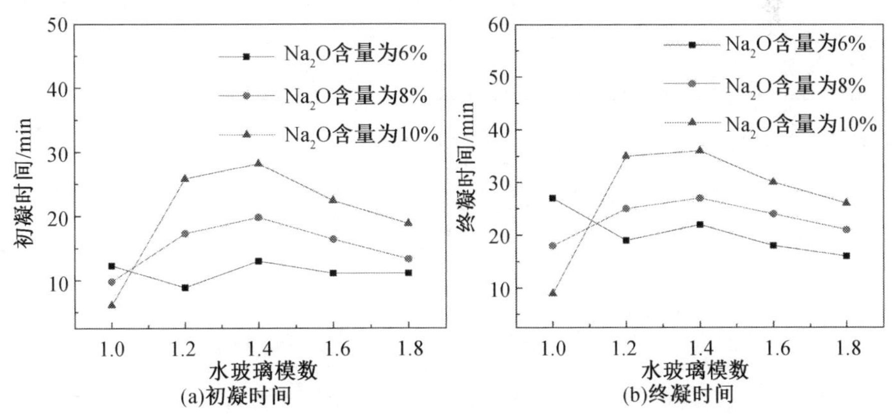

图 2.2　水玻璃模数和 Na_2O 含量对水玻璃激发矿渣净浆凝结时间的影响

2.3.2 流动度

当水玻璃模数为 1.2、Na_2O 含量为 8% 时,水灰比对碱激发矿渣净浆流动度的影响如图 2.3(a) 所示。

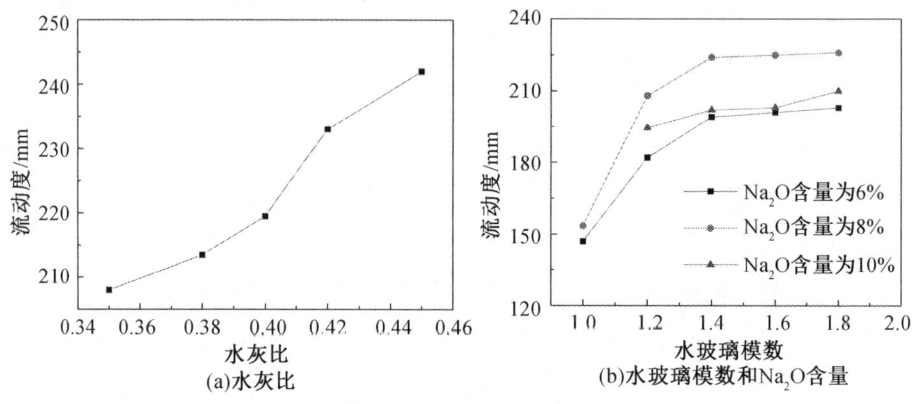

(a)水灰比　(b)水玻璃模数和Na_2O含量

图 2.3　水玻璃激发矿渣净浆的流动度

由图 2.3(a) 可知,水灰比介于 0.35 ~ 0.45 时,流动度随着水灰比的增大而增大,碱激发矿渣净浆的流动度介于 208 ~ 242 mm。水灰比从 0.35 增大到 0.45 时,流动度的增长速率介于 1.02 ~ 1.06。当水灰比为 0.35 时,水玻璃模数和 Na_2O 含量对碱激发矿渣净浆流动度的影响如图2.3(b) 所示。由图2.3(b) 可知,当水玻璃模数介于 1.0 ~ 1.8,Na_2O 含量介于6% ~ 10% 时,水玻璃激发矿渣净浆的流动度介于 147 ~ 226 mm。水玻璃激发矿渣净浆的流动度随着水玻璃模数的增大而增大,水玻璃模数在 1.0 ~ 1.4 范围内时流动度增长较快,水玻璃模数为1.4 ~ 1.8 时流动度增长缓慢。其中,当 Na_2O 含量为 8% 时,水玻璃模数为 1.2、1.4、1.6、1.8 的流动度分别约是水玻璃模数为 1.0 时流动度的 1.36 倍、1.46 倍、1.47 倍、1.47 倍。高水玻璃模数代表其碱浓度低,致使碱激发矿渣的反应速率降低和反应产物减少,从而降低屈服应力,导致流动度增大。由于水玻璃模数为 1.0 和 Na_2O 含量为 10% 的凝结时间最短,低于 10 min,因此试验过程中没有测到其流动度。另外,当水玻璃模数介于 1.0 ~ 1.8 时,碱激发矿渣净浆的流动度随着 Na_2O 含量的增大呈先增大后减小的规律,即 Na_2O 含量为 8% 时的流动度大于 Na_2O 含量为 6% 和 10% 时的流动度。综上,水玻璃模数不小于 1.2 时,碱激发矿渣净浆具有较好的流动度,水玻璃模数介于 1.4 ~ 1.8 时,流动度基本趋于稳定。

2.3.3　抗压强度

当水灰比为 0.35 时，水玻璃模数和 Na_2O 含量对水玻璃激发矿渣净浆抗压强度的影响如图 2.4 所示。

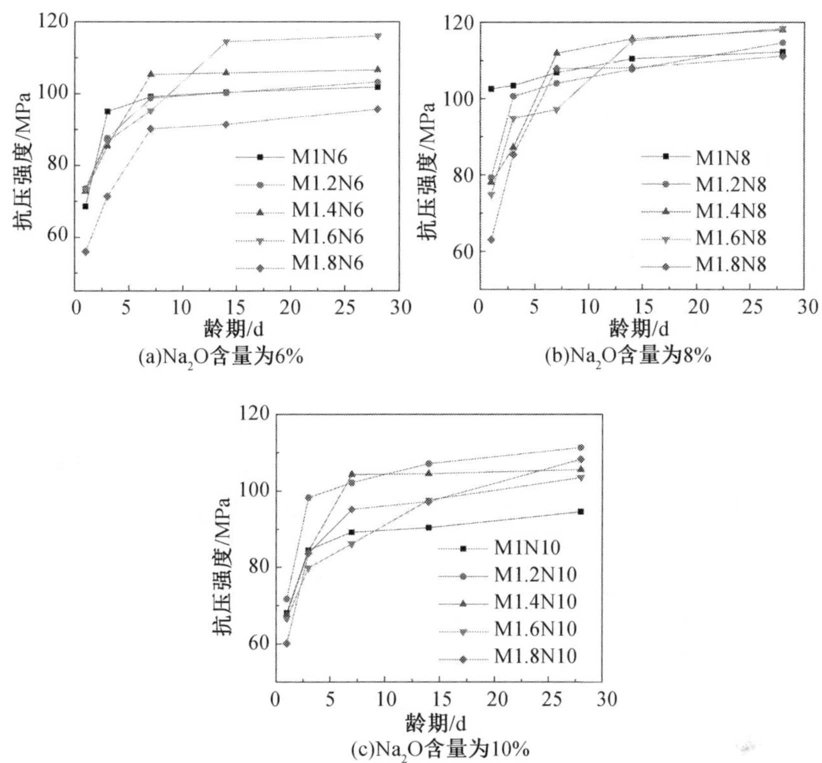

图 2.4　水玻璃模数和 Na_2O 含量对水玻璃激发矿渣净浆抗压强度的影响

由图 2.4 可知，水玻璃激发矿渣净浆均呈现出较高的早期抗压强度，其 1 d 的抗压强度均可达到 55 MPa 以上，其中水玻璃模数为 1.0、Na_2O 含量为 8% 的碱激发矿渣净浆 1 d 的抗压强度最高可达 102 MPa。水玻璃激发矿渣净浆 1 d 的抗压强度约是 28 d 抗压强度的 55% ～91%。C－S－H 的快速形成提高了碱激发矿渣净浆的早期抗压强度。当 Na_2O 含量为 6% 和 8% 时，水玻璃模数为 1.4 和 1.6 的碱激发矿渣净浆的后期抗压强度均较高。另外，当水玻璃模数介于 1.0 ～ 1.8 时，Na_2O 含量为 8% 的碱激发矿渣净浆的抗压强度高于 Na_2O 含量为 6% 和 10% 时的抗压强度。这一方面是因为在反应过程中存在过量的 Na_2O 时，过高浓度的

OH^- 用来平衡 Al^{3+}；另一方面是因为过量 Na_2O 会使过量的 Na^+ 在矿渣表面迅速反应生成产物而形成一层保护膜，使反应受阻，从而导致 Na_2O 含量为 10% 时的抗压强度降低。

2.3.4 干燥收缩

干燥收缩是指当外界环境湿度低于材料内部湿度时，由于材料失水引起的体积变化。当水灰比为0.35、养护1 ~ 28 d时，水玻璃模数和 Na_2O 含量对水玻璃激发矿渣净浆干燥收缩的影响如图 2.5 所示。

由图2.5可知，水玻璃激发矿渣净浆的干燥收缩随着水玻璃模数的增大而增大。当 Na_2O 含量为8% 时，水玻璃模数为1.2、1.4、1.6和1.8的水玻璃激发矿渣净浆 28 d 的收缩率分别是水玻璃模数为 1.0 试件的 1.12 倍、1.43 倍、1.59 倍和 2.01 倍。有学者认为，C－S－H 凝胶性质对干燥收缩起着重要的作用，根据 Ca/Si 的不同，将 C－S－H 分为低 Ca/Si 和高 Ca/Si 两种，当相对湿度为50% 时，干燥收缩主要由低Ca/Si的C－S－H引起，因此，硅酸钠含量越高，碱激发矿渣的干燥收缩就越大。另外，孔结构的不同也是引起干燥收缩的另一重要原因。针对水玻璃模数为 1.0 和 1.2 的试件，当 Na_2O 含量从6% 增大至8% 时，水玻璃激发矿渣净浆的干燥收缩增大；而当 Na_2O 含量从 8% 增大至 10% 时，其干燥收缩却减小。针对水玻璃模数为 1.4 ~ 1.8 的试件，碱激发矿渣净浆的干燥收缩随着 Na_2O 含量的增大而增大，这是由于高 Na_2O 含量时碱含量高，水化反应快，消耗的自由水多。

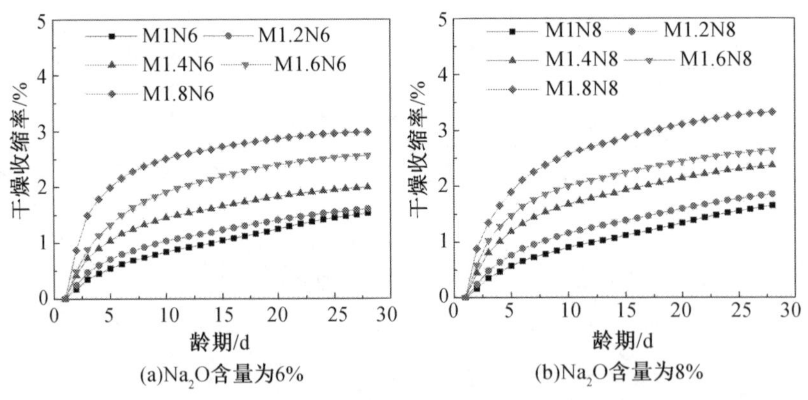

(a)Na_2O含量为6%　(b)Na_2O含量为8%

图 2.5　水玻璃模数和 Na_2O 含量对水玻璃激发矿渣净浆干燥收缩的影响

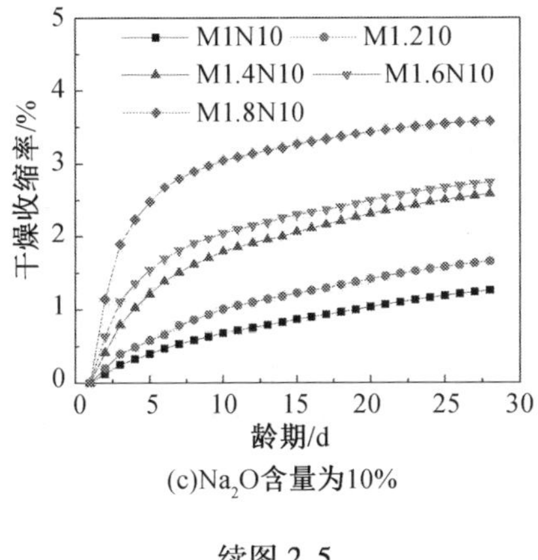

(c)Na_2O含量为10%

续图 2.5

2.4　Na_2CO_3 – NaOH 激发矿渣净浆的性能

碱激发矿渣胶凝材料的性能主要由激发剂控制，常用的激发剂有硅酸钠水玻璃、NaOH 和 Na_2CO_3。近年来大多学者集中于研究硅酸钠水玻璃，2.3 节也对水玻璃和 NaOH 混合激发矿渣净浆做了系统研究，结果表明水玻璃激发矿渣净浆表现出高强、高收缩和凝结时间短等特点。而 Na_2CO_3 由于其在常温下激发效果弱，碱激发矿渣净浆的强度发展受到一定的限制。本节主要研究 Na_2CO_3 和 NaOH 混合激发矿渣净浆的工作性能、力学性能和收缩性能，主要的影响因素为 $m(Na_2CO_3)/m(NaOH)$ 和 Na_2O 含量。

2.4.1　凝结时间

当水灰比为0.35时，$m(Na_2CO_3)/m(NaOH)$ 和 Na_2O 含量对 Na_2CO_3 – NaOH 激发矿渣净浆凝结时间的影响如图 2.6 所示。

由图 2.6 可知，碱激发矿渣净浆的初凝时间和终凝时间均随着 $m(Na_2CO_3)/m(NaOH)$ 的增大而延长，初凝时间介于 34 ~ 218 min，终凝时间介于 41 ~ 251 min。尤其是当 Na_2O 含量为4% 时，凝结时间随着 $m(Na_2CO_3)/m(NaOH)$ 的增大而大幅延长，$m(Na_2CO_3)/m(NaOH)$ 为2∶8、4∶6、6∶4、8∶2 时的终凝时间分别约是 $m(Na_2CO_3)/m(NaOH)$ 为0∶10时的1.6倍、2.8倍、4.0倍、4.3倍。但是当 Na_2O 含量为6% 和8% 时，凝结时间随着 $m(Na_2CO_3)/m(NaOH)$ 增大而延长的幅度较小。若 Na_2O 含

量为8%，$m(Na_2CO_3)/m(NaOH)$ 为2∶8、4∶6、6∶4、8∶2时的终凝时间分别约是 $m(Na_2CO_3)/m(NaOH)$ 为0∶10时的1.29倍、1.41倍、1.51倍、1.70倍。这主要是因为激发剂中掺加的 Na_2CO_3 越多，初始的碳酸钙沉淀就会生成得越多，其将反应延迟，同时高含量的 Na_2CO_3 将导致反应速率降低。另外，碱激发矿渣净浆的初、终凝时间随着 Na_2O 含量的提高而缩短。激发剂中 Na_2O 含量越高，凝结时间越短，这主要是因为 Na_2O 含量越高，OH^- 浓度就越高，就会加速矿渣的分解，产生更多的 Ca^{2+} 和$[SiO_4]^{4-}$，在凝结过程中迅速形成C－S－H。因此，增大 $m(Na_2CO_3)/m(NaOH)$ 或者降低 Na_2O 含量均可延长碱激发矿渣净浆的初、终凝时间。

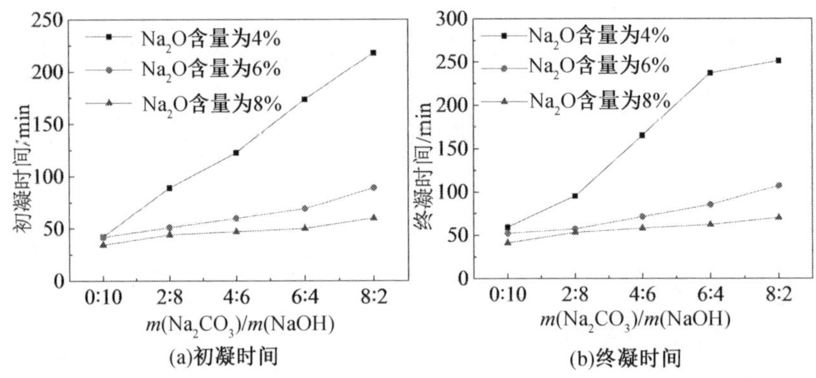

图2.6　$m(Na_2CO_3)/m(NaOH)$ 和 Na_2O 含量对 Na_2CO_3－NaOH激发矿渣净浆凝结时间的影响

2.4.2　抗压强度

当水灰比为0.35时，$m(Na_2CO_3)/m(NaOH)$ 和 Na_2O 含量对 Na_2CO_3－NaOH激发矿渣净浆抗压强度的影响如图2.7所示。碱激发矿渣净浆的后期(≥3 d)抗压强度随着 $m(Na_2CO_3)/m(NaOH)$ 的增大而逐渐提高，其早期(1 d)抗压强度却随着 $m(Na_2CO_3)/m(NaOH)$ 的增大先升高后降低，尤其是当 Na_2O 含量为4%时，$m(Na_2CO_3)/m(NaOH)$ 为8∶2的早期抗压强度降低至11.2 MPa，比 $m(Na_2CO_3)/m(NaOH)$ 为0∶10的早期抗压强度(17.4 MPa)低。掺加 Na_2CO_3 的净浆早期抗压强度低是因为随着 Na_2CO_3 的增加，初始的 OH^- 浓度较低；净浆后期抗压强度高，主要归因于 CO_3^{2-} 形成的碳酸盐产物(如 $Na_2Ca(CO_3)_2 \cdot 5H_2O$)和交叉结合的C－(A)－S－H。

由图2.7还可以看出，当 $m(Na_2CO_3)/m(NaOH)$ 介于0∶10～8∶2时，Na_2O

含量为 6% 的碱激发矿渣净浆的抗压强度高于 Na_2O 含量为 4% 和 8% 时的抗压强度。Na_2O 含量越高,代表激发剂中 OH^- 浓度越高,从而提高了碱激发矿渣净浆的抗压强度。但是 Na_2O 含量存在一个最佳值,过量的 NaOH 或者 KOH 都会导致净浆最终的强度降低,这是因为过量的碱含量不能与矿渣充分反应。

Na_2CO_3 – NaOH 激发矿渣净浆龄期为 28 d 时的抗压强度介于 45 ~ 70 MPa,Na_2CO_3 与 NaOH 混合激发净浆的后期抗压强度都比只有 NaOH 为激发剂($m(Na_2CO_3)/m(NaOH)$ 为 0 : 10)的后期抗压强度高。当激发剂只是 Na_2CO_3 时,Na_2CO_3 激发矿渣净浆龄期为 28 d 时的抗压强度介于 35 ~ 55 MPa,且随着 Na_2CO_3 含量(3% ~ 5%)的提高而提高。当激发剂只是 NaOH 时,越高的 OH^- 浓度越会加速分解矿渣玻璃体,但是矿渣颗粒表面反应环的形成阻碍了其抗压强度的发展。当碱性激发剂是 Na_2CO_3 和 NaOH 混合时,OH^- 促使矿渣分解,CO_3^{2-} 可作为形成碳酸盐的媒介,因此,Na_2CO_3 和 NaOH 混合激发矿渣净浆的抗压强度高于仅有 NaOH 或 Na_2CO_3 激发矿渣净浆的抗压强度。

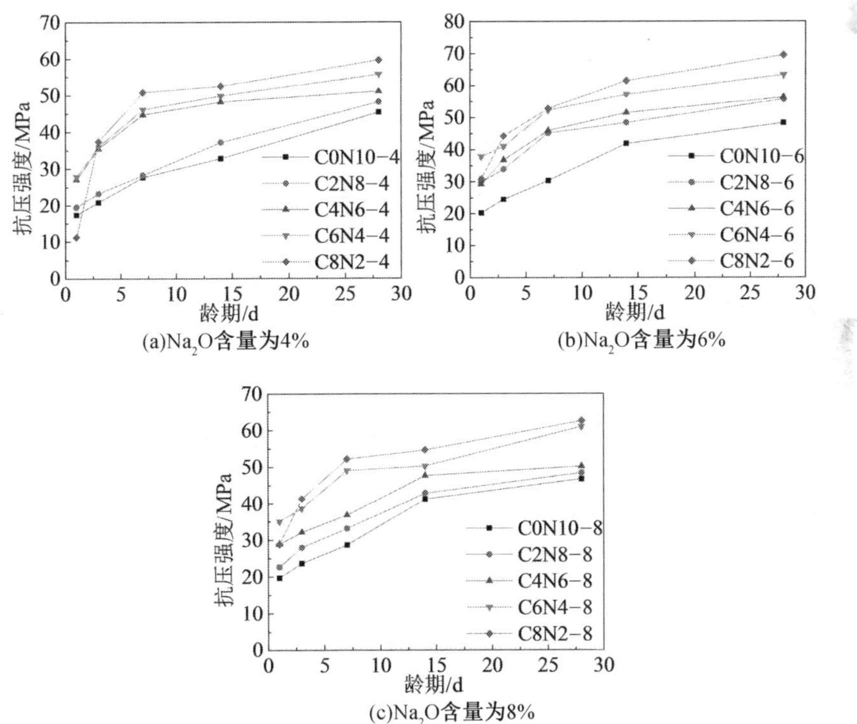

图 2.7 $m(Na_2CO_3)/m(NaOH)$ 和 Na_2O 含量对 Na_2CO_3 – NaOH 激发矿渣净浆抗压强度的影响

2.4.3 干燥收缩

当水灰比为0.35时，$m(Na_2CO_3)/m(NaOH)$ 和 Na_2O 含量对 Na_2CO_3-NaOH 激发矿渣净浆 28 d 前的干燥收缩的影响如图 2.8 所示。

由图2.8可知，当 Na_2O 含量为4% 时，Na_2CO_3-NaOH 激发矿渣净浆的干燥收缩率随着 $m(Na_2CO_3)/m(NaOH)$ 的增大而增大，但是，当 Na_2O 含量为6% 和 8% 时，这个趋势呈相反规律，即其干燥收缩率随着 $m(Na_2CO_3)/m(NaOH)$ 的增大而减小，这是因为当 OH^- 浓度较高时，CO_3^{2-} 的增多促进了水滑石产物的生成，而水滑石会引起一定的体积增大，可以有效抑制收缩。这说明，在 Na_2O 含量较高时，掺加 Na_2CO_3 有利于降低碱激发矿渣净浆的干燥收缩。Cengiz 等研究了 3 种碱性激发剂（Na_2SiO_3、$NaOH$、Na_2CO_3）对碱激发矿渣胶凝材料丁燥收缩的影响，发现 Na_2SiO_3 激发的干燥收缩率最大，Na_2CO_3 激发的干燥收缩率最小。同时，Jin 等也发现当采用 Na_2CO_3 作为激发剂，Na_2CO_3 含量从4% 增加到8% 时，碱激发矿渣胶凝材料的干燥收缩率随着 Na_2CO_3 含量的增大而减小。

另外，当激发剂中有 Na_2CO_3 时，碱激发矿渣净浆的干燥收缩率随着 Na_2O 含量的提高而减小。其中，当 Na_2O 含量从4% 增长到6% 时，其干燥收缩率大幅降低；当 Na_2O 含量从6% 增长到8% 时，其干燥收缩率降低幅度较小。这是因为当 CO_3^{2-} 一定时，Na_2O 含量越高，OH^- 浓度越高，从而导致矿渣玻璃体分解出的 Ca^{2+} 就越多，促进了水滑石产物的生成，而水滑石会引起一定的体积增大，可以有效抑制收缩。

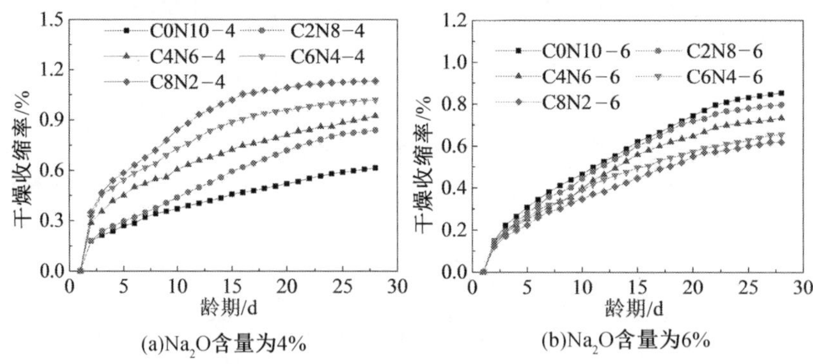

图 2.8 $m(Na_2CO_3)/m(NaOH)$ 和 Na_2O 含量对 Na_2CO_3-NaOH 激发矿渣净浆 28 d 前的干燥收缩的影响

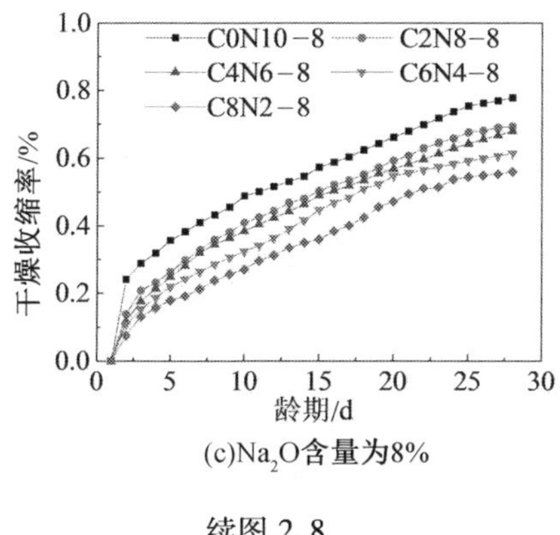

(c)Na_2O含量为8%

续图 2.8

2.5　本章小结

本章完成了水玻璃激发矿渣净浆和 Na_2CO_3 － NaOH 激发矿渣净浆两种不同体系的碱激发矿渣胶凝材料的性能研究。通过不同因素对碱激发矿渣净浆工作性能、力学性能和收缩性能影响的研究，可以得到如下结论：

（1）对于水玻璃激发矿渣净浆，当水玻璃模数介于 1.2 ～ 1.8 时，碱激发矿渣净浆的初、终凝时间均随着 Na_2O 含量的增大而延长；当 Na_2O 含量为 8% 和 10% 时，初、终凝时间均随着水玻璃模数的增大而先延长后缩短；流动度随着水玻璃模数的增大而增大；1 d 抗压强度均可在 55 MPa 以上，最高可达 102 MPa；抗压强度和流动度均在 Na_2O 含量为 8% 时呈现最佳；干燥收缩率随着水玻璃模数的增加而增大。对于水玻璃模数为 1.4 ～ 1.8 的试件，碱激发矿渣净浆的干燥收缩率随着 Na_2O 含量的增大而增大。

（2）对于 Na_2CO_3 － NaOH 激发矿渣净浆，初、终凝时间随着 $m(Na_2CO_3)/m(NaOH)$ 的增大而延长，随着 Na_2O 含量的增大而缩短；后期抗压强度随着 $m(Na_2CO_3)/m(NaOH)$ 的增大而提高，Na_2O 含量为 6% 时抗压强度最佳；当 Na_2O 含量为 4% 时，Na_2CO_3 － NaOH 激发矿渣净浆的干燥收缩率随着 $m(Na_2CO_3)/m(NaOH)$ 的增大而增大，但当 Na_2O 含量为 6% 和 8% 时，干燥收缩率随着 $m(Na_2CO_3)/m(NaOH)$ 的增大而减小。

第3章　碱激发矿渣陶砂砂浆的性能

3.1　概　　述

碱激发矿渣净浆收缩大,成型过程中易开裂,限制了碱激发矿渣净浆在实际工程中的应用。因此,设想在碱激发矿渣净浆中填充不存在收缩的填充物,便可减少收缩。碱激发矿渣净浆耐火性能好,在温度不高于600 ℃时其力学性能不降低,而陶砂是经过高温烧制而成的,具有保温、隔热、耐火等优点,预计碱激发矿渣陶砂砂浆会有不错的耐火性能。本章通过在碱激发矿渣净浆中掺加陶砂,分别研究水玻璃激发矿渣陶砂砂浆和 Na_2CO_3 - NaOH 激发矿渣陶砂砂浆的工作性能、力学性能和干燥收缩性能。

3.2　试 验 方 案

3.2.1　试验原材料

本试验采用的陶砂是河南省巩义市宇轩环保科技有限公司提供的,其粒径为1 mm,密度为1.8 g/cm^3,孔隙率为53%。陶砂的化学成分见表3.1。

表3.1　陶砂的化学成分　　%

$w(SiO_2)$	$w(Al_2O_3)$	$w(CaO)$	$w(Fe_2O_3)$	$w(K_2O)$	$w(MgO)$	$w(Na_2O)$	w(其他)
62.12	16.32	3.26	7.84	1.62	2.04	1.60	5.20

其余原材料与2.2.1节中所述相同。

3.2.2　试验配合比

1. 水玻璃激发矿渣陶砂砂浆的配合比

在水玻璃激发矿渣净浆配合比的基础上，掺加陶砂制备水玻璃激发矿渣陶砂砂浆。由于陶砂吸水，故先通过改变水灰比和砂灰比对水玻璃激发矿渣陶砂砂浆的凝结时间和流动性进行初步研究，确定最佳的水灰比和砂灰比；再通过掺加 NaOH 来改变水玻璃模数和 Na_2O 含量，研究水玻璃模数和 Na_2O 含量对水玻璃激发矿渣陶砂砂浆的凝结时间、流动性、抗压强度和干燥收缩性能的影响。共设计了 18 组配合比，见表 3.2。

表 3.2　水玻璃激发矿渣陶砂砂浆的配合比　kg/m^3

组号	矿渣 Ⅰ	陶砂	水玻璃 Ⅰ	NaOH	水
M1.2N6M	585	1 024	127.2	28.3	125.1
M1.2N8M	580	1 015	168.2	37.4	97.7
M1.2N10M	575	1 007	208.4	46.4	70.9
M1.4N6M	584	1 021	148.0	25.4	113.3
M1.4N8M	578	1 012	195.6	33.6	82.2
M1.4N10M	573	1 003	242.2	41.6	51.7
M1.6N6M	582	1 019	168.8	22.5	101.5
M1.6N8M	576	1 009	222.8	29.7	66.7
M1.6N10M	571	999	275.7	36.8	32.6
M1.2N8M - 0.38	570	998	165.3	36.8	113.2
M1.2N8M - 0.40	564	986	163.4	36.4	123.2
M1.2N8M - 0.42	557	975	161.6	36.0	132.9
M1.2N8M - 0.45	548	959	158.9	35.4	147.2
M1.2N8M - 1 : 1	765	765	221.8	49.3	128.9
M1.2N8M - 1.25 : 1	691	864	200.5	44.6	116.5
M1.2N8M - 1.5 : 1	631	946	182.9	40.7	106.3

续表3.2

组号	矿渣 Ⅰ	陶砂	水玻璃 Ⅰ	NaOH	水
M1.2N8M - 1.75∶1	580	1 015	168.2	37.4	97.7
M1.2N8M - 2∶1	537	1 074	155.6	34.6	90.5

注：①组号“M1.2N8M - 0.35 - 1.75∶1”表示水玻璃模数为1.2、Na_2O含量为8%，砂浆水灰比为0.35，砂灰比为1.75∶1，以此类推。若组号中无水灰比这一项，即默认水灰比为0.35；若组号中无砂灰比这一项，即默认砂灰比为1.75∶1。如组号“M1.4N6M”表示水玻璃模数为1.4，Na_2O含量为6%，砂浆的水灰比为0.35，砂灰比为1.75∶1。

②表中水为自来水。

③水玻璃 Ⅰ 为液态，含水率为57.6%，见2.2.1节。

④配合比计算中的水灰比所指的水包括液态水玻璃中的水、NaOH按照$2NaOH \longrightarrow Na_2O + H_2O$计算的水和自来水。

2. Na_2CO_3 - NaOH激发矿渣陶砂砂浆的配合比

在Na_2CO_3 - NaOH激发矿渣净浆配合比的基础上，掺加陶砂制备Na_2CO_3 - NaOH激发矿渣陶砂砂浆。由于陶砂吸水，故先通过改变水灰比和砂灰比对Na_2CO_3 - NaOH激发矿渣陶砂砂浆的凝结时间和流动性进行初步研究；确定最佳水灰比和砂灰比；再通过不同的$m(Na_2CO_3)/m(NaOH)$和Na_2O含量来研究$m(Na_2CO_3)/m(NaOH)$和Na_2O含量对Na_2CO_3 - NaOH激发矿渣陶砂砂浆的凝结时间、流动性、抗压强度和干燥收缩性能的影响。共设计了23组配合比，见表3.3。

表3.3　Na_2CO_3 - NaOH激发矿渣陶砂砂浆的配合比　　kg/m^3

组号	矿渣 Ⅰ	陶砂	Na_2CO_3	NaOH	水
C0N10 - 4M	699	874	—	36.1	257.5
C0N10 - 6M	696	870	—	53.9	252.3
C0N10 - 8M	693	866	—	71.5	247.2
C2N8 - 4M	698	872	7.6	30.3	258.3
C2N8 - 6M	694	868	11.3	45.2	253.6

续表3.3

组号	矿渣 Ⅰ	陶砂	Na_2CO_3	NaOH	水
C2N8 - 8M	691	863	15.0	59.9	249.0
C4N6 - 4M	697	871	16.0	23.9	259.3
C4N6 - 6M	692	866	23.7	35.7	255.1
C4N6 - 8M	688	860	31.5	47.3	250.9
C6N4 - 4M	695	869	25.2	16.8	260.4
C6N4 - 6M	690	863	37.6	25.1	256.7
C6N4 - 8M	686	857	49.8	33.2	253.1
C8N2 - 4M	694	867	35.7	8.9	261.6
C8N2 - 6M	688	860	53.1	13.3	258.5
C8N2 - 8M	683	853	70.1	17.5	255.4
C4N6 - 6M - 0.35	707	884	24.3	36.4	239.3
C4N6 - 6M - 0.40	683	854	23.4	35.2	265.3
C4N6 - 6M - 0.42	674	842	23.1	34.7	275.2
C4N6 - 6M - 0.45	660	826	22.7	34.0	289.5
C4N6 - 6M - 0.35 - 1:1	784	784	26.9	40.4	265.3
C4N6 - 6M - 0.35 - 1.5:1	644	966	22.1	33.2	217.9
C4N6 - 6M - 0.35 - 1.75:1	591	1 034	20.3	30.4	200.0
C4N6 - 6M - 0.35 - 2:1	546	1 092	18.7	28.1	184.8

注：组号“C4N6 - 6M - 0.35 - 1.5：1”表示 $m(Na_2CO_3)/m(NaOH)$ 为4：6，Na_2O 含量为6%，砂浆水灰比为0.35，砂灰比为1.5：1，以此类推。若组号中无水灰比这一项，即默认水灰比为0.38；若组号中无砂灰比这一项，即默认砂灰比为1.25：1。如组号“C8N2 - 6M”表示 $m(Na_2CO_3)/m(NaOH)$ 为8：2，Na_2O 含量为6%，砂浆水灰比为0.38，砂灰比为1.25：1。

试验时，首先将称量好的矿渣和陶砂混合，低速搅拌5 min，使矿渣和陶砂拌和均匀，再将已配制好的降至20 ~ 25 ℃的碱性激发剂缓慢倒入，慢速搅拌1 min，再快速搅拌1 min，即可装入各试验的试模中。

3.2.3 试验方法

1. **凝结时间**

依据《建筑砂浆基本性能试验方法标准》(JGJ/T 70—2009),将制备好的碱激发矿渣陶砂砂浆装入试模,用砂浆凝结时间测定仪进行测试,直至测得的贯入阻力值达到0.7 MPa为止。砂浆的凝结时间是从加入碱性激发剂时开始计算的,通过内插法,计算出贯入阻力值为0.5 MPa时所需的时间,即为砂浆的凝结时间。

2. **流动度**

依据《水泥胶砂流动度测定方法》(GB/T 2419—2005),流动度试模为截锥圆模(高为60 mm,上口内径为70 mm,下口内径为100 mm),将制备好的碱激发矿渣陶砂砂浆分两次迅速装入试模。第一次装至试模高度的2/3处,用捣棒由边缘至中心均匀捣压15次,第二次装至高出试模20 mm左右,再用捣棒由边缘至中心均匀捣压10次。捣压完毕取下模套,抹平,将试模垂直提起,立刻开动跳桌。待跳桌完成25次跳动时,测量砂浆底面相互垂直的两个方向的直径,该平均值即为碱激发矿渣陶砂砂浆的流动度。

3. **稠度**

依据《建筑砂浆基本性能试验方法标准》,将制备好的碱激发矿渣陶砂砂浆装入试模,用砂浆稠度仪进行测定,砂浆稠度仪的试锥10 s下降的高度即为碱激发矿渣陶砂砂浆的稠度。

4. **抗压强度**

依据《建筑砂浆基本性能试验方法标准》,将制备好的碱激发矿渣陶砂砂浆装入70.7 mm×70.7 mm×70.7 mm的立方体试模中,振动台振动1 min,将塑料薄膜覆盖于试件表面,将试件放入标准养护室,1 d后拆模。待至养护龄期1 d、3 d、7 d、14 d和28 d时进行抗压试验,试验机的加载速率是1.0 kN/s。抗压强度取3个抗压强度试验值的算术平均值。

5. 干燥收缩

碱激发矿渣陶砂砂浆的干燥收缩试验方法与 2.2.3 节相同。

3.3　水玻璃激发矿渣陶砂砂浆的性能

3.3.1　凝结时间

当水玻璃模数为 1.2、Na_2O 含量为 8%、砂灰比为 1.75∶1 时,水灰比对水玻璃激发矿渣陶砂砂浆凝结时间的影响如图3.1(a) 所示。由图3.1(a) 可知,凝结时间随着水灰比的增大而延长,当水灰比从 0.35 增加到 0.45 时,凝结时间介于 15 ~ 23 min。水灰比为 0.38、0.40、0.42、0.45 时砂浆的凝结时间分别约是水灰比为 0.35 时的 1.14 倍、1.24 倍、1.38 倍、1.48 倍。当水玻璃模数为 1.2、Na_2O 含量为 8%、水灰比为 0.35 时,砂灰比对水玻璃激发矿渣陶砂砂浆凝结时间的影响如图 3.1(b) 所示。由图3.1(b) 可知,随着砂灰比从1∶1 增大到2∶1,砂浆的凝结时间逐渐缩短,凝结时间由 20.1 min 缩短到 14.6 min。砂灰比为 1∶1 时砂浆的凝结时间约是砂灰比为 2∶1 时的 1.38 倍。

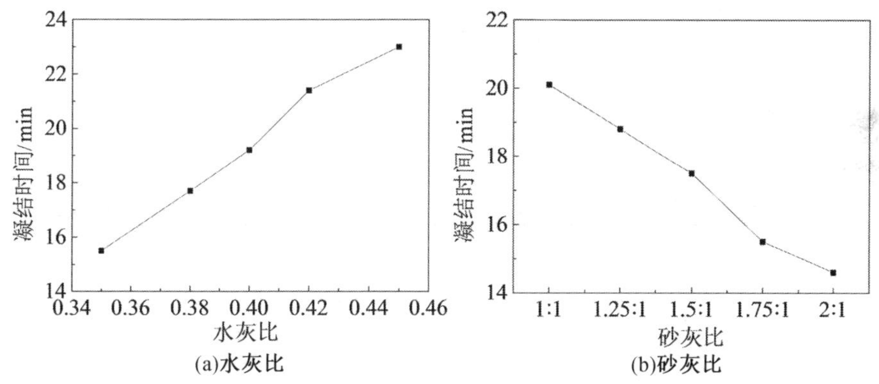

图 3.1　水灰比和砂灰比对水玻璃激发矿渣陶砂砂浆凝结时间的影响

当水灰比为0.35、Na_2O 含量为6% 时,水玻璃模数对水玻璃激发矿渣陶砂砂浆凝结时间的影响如图 3.2(a) 所示;当水灰比为 0.35、水玻璃模数为 1.2 时,Na_2O 含量对水玻璃激发矿渣陶砂砂浆凝结时间的影响如图 3.2(b) 所示。由图 3.2 可知,水玻璃激发矿渣陶砂砂浆的凝结时间随着水玻璃模数和 Na_2O 含量的增大而延长。当水灰比为 0.35、水玻璃模数为 1.2 时，Na_2O 含量为 6%、8%、10% 的凝结时间分别为 12.6 min、15.5 min、24.7 min，Na_2O 含量为 8% 和 10% 时砂浆的凝结时间分别比 Na_2O 含量为 6% 时约延长 23.0% 和 96.0%。激发剂中 Na_2O 含量越高，意味着反应初期 OH^- 的浓度越高，导致矿渣中分解的 Ca^{2+} 倾向于先形成 $Ca(OH)_2$ 而不是 C－S－H，从而导致 Ca^{2+} 沉淀时间延长。另外，也发现当水灰比为 0.35、Na_2O 含量为 6% 时，随着水玻璃模数的增大，砂浆的凝结时间仅有较小幅度的增加，水玻璃模数为 1.4 和 1.6 时砂浆的凝结时间分别比水玻璃模数为 1.2 时约提高 7.9% 和 12.7%。这是因为水玻璃模数越大，其碱性越弱，水化反应越慢，从而导致凝结时间越长。因此，Na_2O 含量对水玻璃激发矿渣陶砂砂浆凝结时间的影响比水玻璃模数大。水玻璃激发矿渣陶砂砂浆的凝结时间介于 12.6 ~ 24.7 min，凝结时间均较短。矿渣在 pH 高的环境下反应活性较高，导致凝结时间短，实际上矿渣溶解出的 Ca^{2+} 和 $[SiO_4]^{4-}$ 越多，越可以有效促进水化产物的形成，凝结越快。

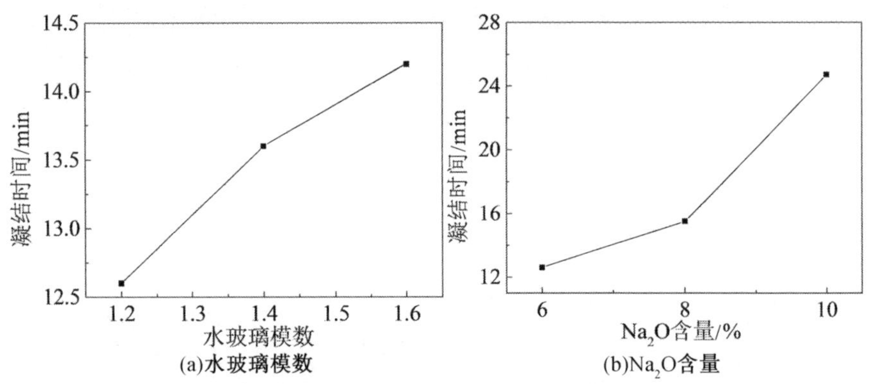

图 3.2　水玻璃模数和 Na_2O 含量对水玻璃激发矿渣陶砂砂浆凝结时间的影响

3.3.2　流动性

当水灰比为 0.35、水玻璃模数为 1.2、Na_2O 含量为 8% 时，砂灰比对水玻璃激发矿渣陶砂砂浆流动性的影响如图 3.3 所示。由图 3.3 可知，随着砂灰比从 1∶1 增大到 2∶1，砂浆的流动度从 250 mm 降到 122 mm，稠度从 110 mm 降到 55 mm，这说明砂灰比越小，砂浆的流动性越好。砂灰比为 1∶1 时砂浆的流动度和稠度分别约是砂灰比为 2∶1 时的 2.04 倍和 2.00 倍。因此，砂灰比对水玻璃激发矿渣陶砂砂浆流动性的影响较大。

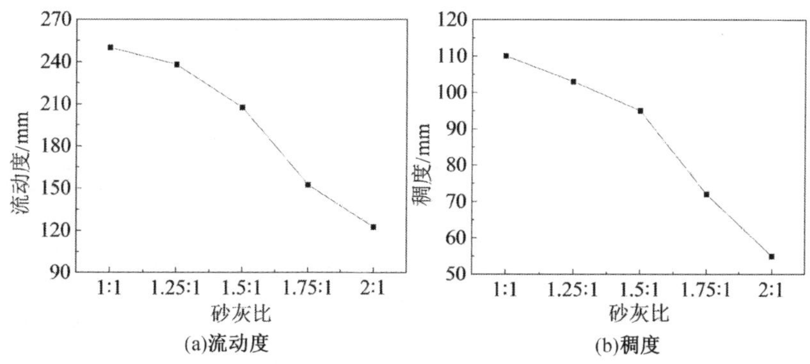

(a)流动度　(b)稠度

图 3.3　砂灰比对水玻璃激发矿渣陶砂砂浆流动性的影响

当水灰比为 0.35、砂灰比为 1.75∶1 时，水玻璃模数和 Na_2O 含量对水玻璃激发矿渣陶砂砂浆流动度和稠度的影响如图 3.4 所示。由图 3.4 可知，水玻璃激发矿渣陶砂砂浆的流动度和稠度均随着水玻璃模数的增大而增大，其流动度介于 143 ~ 199.5 mm，稠度介于 63.5 ~ 94.5 mm。当 Na_2O 含量为 8% 时，水玻璃模数为 1.4 和 1.6 的砂浆流动度比水玻璃模数为 1.2 时的砂浆流动度约提高 15.9% 和 29.1%。这一方面是由于水玻璃模数高代表激发剂碱浓度低，致使碱激发矿渣的反应速率降低和反应产物减少，从而降低屈服应力，导致流动度增大；另一方面是由于水玻璃模数偏高时，水玻璃倾向于胶体性质，将矿渣和陶砂包裹，有利于砂浆的流动。当水玻璃模数为 1.2 时，Na_2O 含量为 8% 的砂浆流动度和稠度分别比 Na_2O 含量为 6% 时的约提高 1.6% 和 2.8%，而 Na_2O 含量为 10% 时的流动度和稠度分别比 Na_2O 含量为 6% 时的约降低 5.9% 和 14.2%。与 Na_2O 含量相比，水玻璃模数对水玻璃激发矿渣陶砂砂浆流动度和稠度的影响较大。

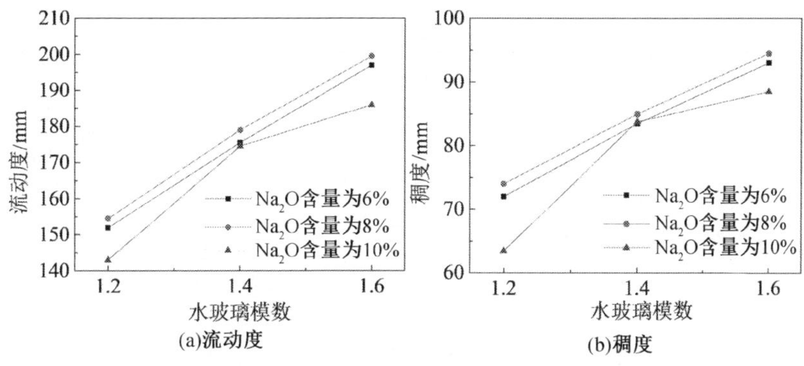

(a)流动度　(b)稠度

图 3.4　水玻璃模数和 Na_2O 含量对水玻璃激发矿渣陶砂砂浆流动度和稠度的影响

3.3.3 抗压强度

当水灰比为0.35、砂灰比为1.75∶1时,水玻璃模数和Na_2O含量对水玻璃激发矿渣陶砂砂浆抗压强度的影响如图3.5所示。由图3.5可知,水玻璃模数介于1.2 ~ 1.6,Na_2O含量介于6% ~ 10%时,水玻璃激发矿渣陶砂砂浆早期强度较高,其在常温养护下1 d的抗压强度介于77.2 ~ 93.2 MPa,7 d抗压强度介于92.1 ~ 113.7 MPa,28 d抗压强度介于108.7 ~ 123.2 MPa,1 d、7 d的抗压强度分别可以达到28 d抗压强度的70.1% ~ 76.3%和84.8% ~ 92.3%。水玻璃激发矿渣陶砂砂浆的早高强主要是由于C - S - H凝胶的快速形成,其在硬化的早期阶段表现出更密实的结构。当水玻璃模数一定时,Na_2O含量为8%的水玻璃激发矿渣陶砂砂浆的抗压强度最大,其中水玻璃模数为1.2,Na_2O含量为8%时,每个龄期的水玻璃激发矿渣陶砂砂浆的抗压强度均为最高。这一方面是在反应过程中存在过量的Na_2O时,过高浓度的OH^-用来平衡Al^{3+};另一方面是因为过量Na_2O会使过量的Na^+在矿渣表面迅速反应,生成产物,其形成一层保护膜,使反应受阻,导致Na_2O含量为10%时砂浆的抗压强度降低。

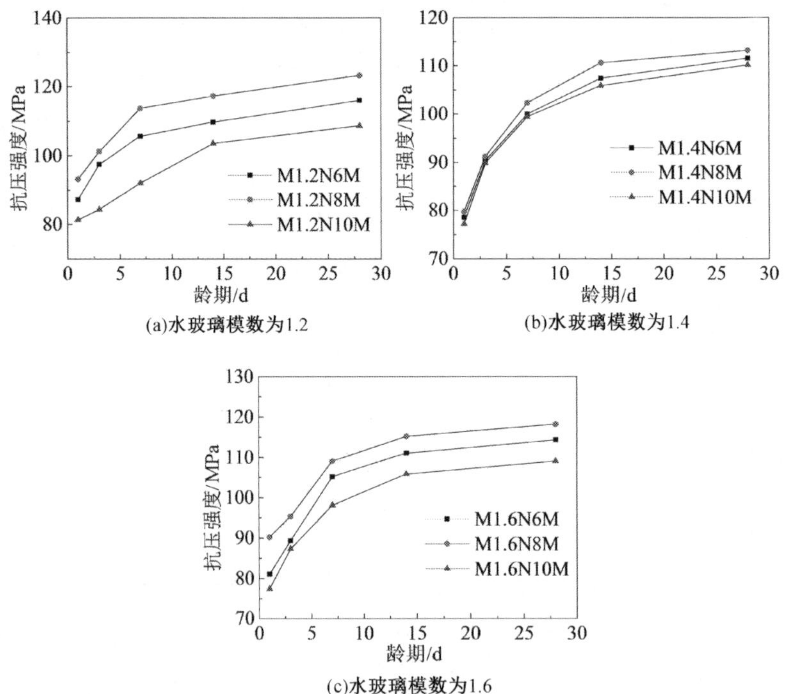

图3.5　水玻璃模数和Na_2O含量对水玻璃激发矿渣陶砂砂浆抗压强度的影响

3.3.4 干燥收缩

结构内部的水分子不断地从孔结构、浆体表面蒸发，便会产生毛细压力，进而导致砂浆的干燥收缩。当水灰比为 0.35、砂灰比为 1.75∶1 时，水玻璃模数和 Na_2O 含量对水玻璃激发矿渣陶砂砂浆干燥收缩的影响如图 3.6 所示。由图 3.6 可知，水玻璃激发矿渣陶砂砂浆的干燥收缩率随着水玻璃模数和 Na_2O 含量的增大而增大。这是由于水玻璃模数和 Na_2O 含量高时，形成了较多的硅凝胶或富硅凝胶，具有高含水率的硅凝胶发生脱水而产生收缩。当水玻璃模数为 1.2 时，Na_2O 含量为 8% 和 10% 的水玻璃激发矿渣陶砂砂浆 28 d 的干燥收缩率分别比 Na_2O 含量为 6% 时增大约 20.7% 和 41.2%；当 Na_2O 含量为 6% 时，水玻璃模数为 1.4 和 1.6 的水玻璃激发矿渣陶砂砂浆 28 d 的干燥收缩率分别比水玻璃模数为 1.2 时增大约 21.2% 和 44.9%。水玻璃激发矿渣陶砂砂浆 28 d 的干燥收缩率介于 0.22% ~ 0.39%，而普通水泥砂浆 28 d 的干燥收缩率一般为 0.08% 左右，水玻璃激发矿渣陶砂砂浆的干燥收缩率是普通水泥砂浆的 3 ~ 5 倍。

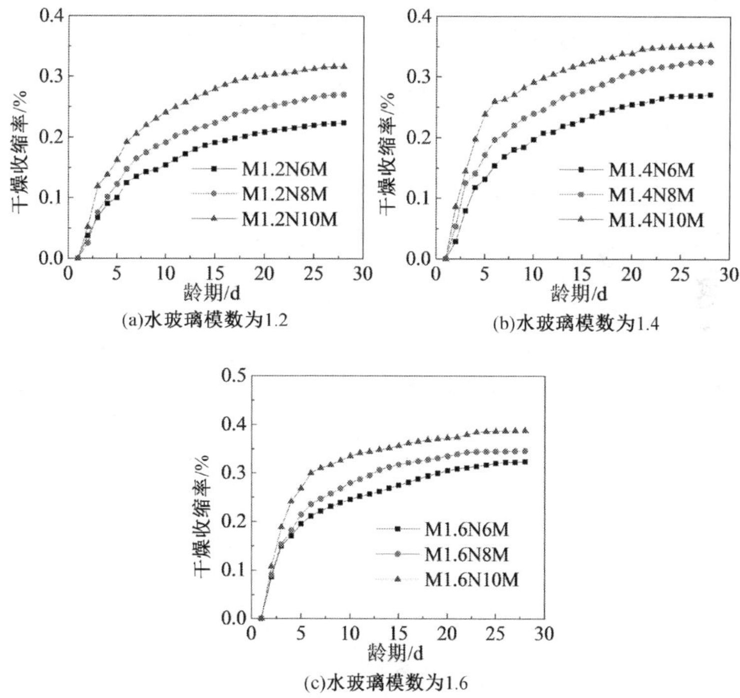

图 3.6　水玻璃模数和 Na_2O 含量对水玻璃激发矿渣陶砂砂浆干燥收缩的影响

3.4 Na_2CO_3 – NaOH 激发矿渣陶砂砂浆的性能

3.4.1 凝结时间

当 $m(Na_2CO_3)/m(NaOH)$ 为 4∶6、Na_2O 含量为 6%、砂灰比为 1.25∶1 时，水灰比对 Na_2CO_3 – NaOH 激发矿渣陶砂砂浆凝结时间的影响如图 3.7(a) 所示；当 $m(Na_2CO_3)/m(NaOH)$ 为 4∶6、Na_2O 含量为 6%、水灰比为 0.35 时，砂灰比对 Na_2CO_3 – NaOH 激发矿渣陶砂砂浆凝结时间的影响如图 3.7(b) 所示。由图 3.7 可知，Na_2CO_3 – NaOH 激发矿渣陶砂砂浆凝结时间随着水灰比的增大而延长，当水灰比从 0.35 增加至 0.38 时凝结时间增加较为缓慢，仅约提高 48.9%；而当水灰比超过 0.38 时，凝结时间增加幅度较大，如水灰比为 0.40、0.42 和 0.45 时砂浆的凝结时间分别约是水灰比为 0.35 时的 2.47 倍、3.49 倍和 5.10 倍。但是 Na_2CO_3 – NaOH 激发矿渣陶砂砂浆的凝结时间随着砂灰比的增大而逐渐缩短，当砂灰比从 1∶1 增加至 1.25∶1 时，砂浆的凝结时间大幅降低，约降低 33.6%；而当砂灰比超过 1.25∶1 时，凝结时间减小的幅度较为缓慢，如砂灰比为 1.5∶1 和 1.75∶1 时砂浆的凝结时间分别比砂灰比为 1.25∶1 时约降低 9.0% 和 24.4%。

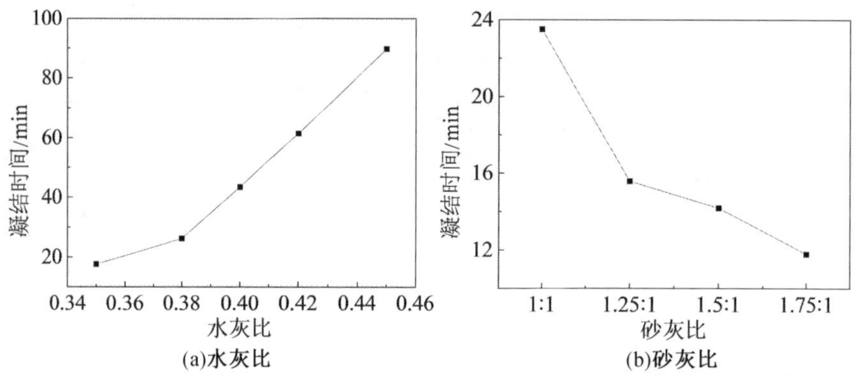

图 3.7 水灰比和砂灰比对 Na_2CO_3 – NaOH 激发矿渣陶砂砂浆凝结时间的影响

当水灰比为 0.38、砂灰比为 1.25∶1 时，$m(Na_2CO_3)/m(NaOH)$ 和 Na_2O 含量对 Na_2CO_3 – NaOH 激发矿渣陶砂砂浆凝结时间的影响如图 3.8 所示。

由图 3.8 可知，Na_2CO_3 – NaOH 激发矿渣陶砂砂浆的凝结时间介于 11.3 ~

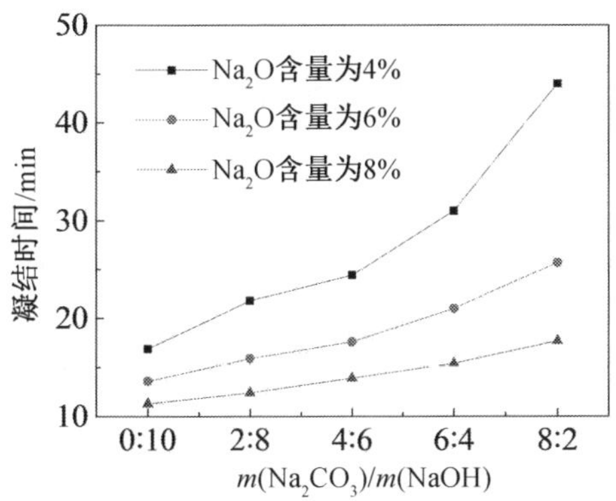

图 3.8　$m(Na_2CO_3)/m(NaOH)$ 和 Na_2O 含量对 Na_2CO_3-NaOH 激发矿渣陶砂砂浆凝结时间的影响

44.0 min。有研究表明,Na_2CO_3 激发矿渣胶凝材料的凝结时间变化幅度较大,凝结时间有的是30 min,也有3 d以上仍未凝结的。当 $m(Na_2CO_3)/m(NaOH)$ 介于 0∶10 ~ 8∶2、Na_2O 含量介于4% ~ 8% 时,Na_2CO_3-NaOH 激发矿渣陶砂砂浆的凝结时间随着 $m(Na_2CO_3)/m(NaOH)$ 的增大而延长,随着 Na_2O 含量的增大而缩短。C8N2 - 4M 砂浆的凝结时间最长可达 44 min,约是凝结时间最短(11.3 min)的 C0N10 - 8M 的3.89 倍。$m(Na_2CO_3)/m(NaOH)$ 高或 Na_2O 含量低均可延长 Na_2CO_3-NaOH 激发矿渣陶砂砂浆的凝结时间和降低反应速率,其主要原因是高掺量的 Na_2CO_3 会导致高含量的碳酸钙或碳酸钠钙形成,碳酸化合物的初始形成导致试件失去塑性,但并没有达到凝固阶段,而后期形成的 C - S - H 才有助于 Na_2CO_3-NaOH 激发矿渣胶凝材料的凝结。Cengiz 和 Puertas 表明,激发剂中增加 Na_2CO_3 会降低 OH^- 的浓度,激发剂中的 OH^- 能够加速矿渣玻璃体的溶解和水化,快速形成 C - S - H 凝胶并使其进一步加速凝结。NaOH 激发矿渣胶凝材料的凝结和硬化也归因于多聚硅酸盐水化物的形成。因此,可以通过改变 $m(Na_2CO_3)/m(NaOH)$ 和 Na_2O 含量来调整 Na_2CO_3-NaOH 激发矿渣陶砂砂浆的凝结时间。

3.4.2　流动性

当 $m(Na_2CO_3)/m(NaOH)$ 为 4∶6、Na_2O 含量为 6% 、砂灰比为 1.25∶1 时,水灰比对 Na_2CO_3-NaOH 激发矿渣陶砂砂浆流动性的影响如图 3.9 所示。当

$m(Na_2CO_3)/m(NaOH)$ 为 4∶6、Na_2O 含量为 6%、水灰比为 0.35 时，砂灰比对 Na_2CO_3 – NaOH 激发矿渣陶砂砂浆流动性的影响如图 3.10 所示。

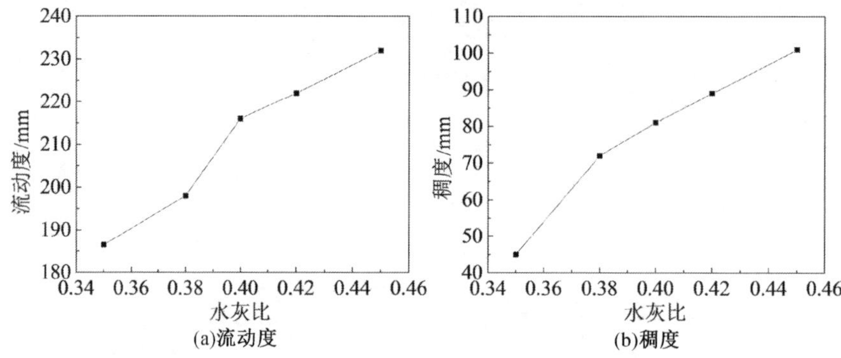

图 3.9　水灰比对 Na_2CO_3 – NaOH 激发矿渣陶砂砂浆流动性的影响

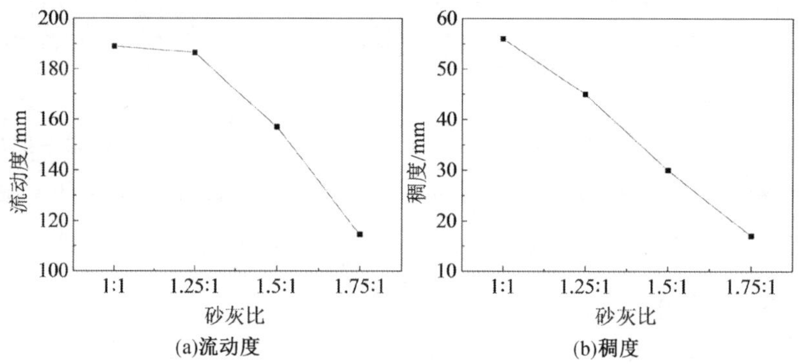

图 3.10　砂灰比对 Na_2CO_3 – NaOH 激发矿渣陶砂砂浆流动性的影响

由图3.9可知，Na_2CO_3 – NaOH 激发矿渣陶砂砂浆流动度和稠度均随着水灰比的增大而增大。水灰比介于0.35 ~ 0.45 时，Na_2CO_3 – NaOH 激发矿渣陶砂砂浆的流动度介于186.5 ~232 mm，稠度介于45 ~ 101 mm。当水灰比达到0.40之后，流动度和稠度的增长速率基本相同。由图3.10可知，Na_2CO_3 – NaOH 激发矿渣陶砂砂浆的流动度和稠度均随着砂灰比的增大而减小。当砂灰比从 1∶1 增大到 1.75∶1 时，Na_2CO_3 – NaOH 激发矿渣陶砂砂浆的流动度和稠度分别从189 mm 和 56 mm 减小到 114.5 mm 和 17 mm。

综合砂灰比对 Na_2CO_3 – NaOH 激发矿渣陶砂砂浆的凝结时间和流动性的影响，虽然砂灰比为 1.25∶1 时，砂浆的稠度只有 45 mm，比砂灰比为 1∶1 时的稠度 (56 mm) 要小，但是考虑到胶凝材料越多对砂浆收缩越不利，因此选用砂灰比

1.25∶1 作为基准配合比。在凝结时间允许范围内,砌筑砂浆的稠度要求范围为 50 ~ 80 mm,因此水灰比选取0.38为基准。

当水灰比为0.38、砂灰比为1.25∶1时,$m(Na_2CO_3)/m(NaOH)$ 和 Na_2O 含量对 Na_2CO_3 - NaOH 激发矿渣陶砂砂浆流动性的影响如图3.11所示。由图3.11可知,Na_2CO_3 - NaOH 激发矿渣陶砂砂浆的流动度介于184.5 ~ 211.5 mm,稠度介于35 ~ 69 mm。当 $m(Na_2CO_3)/m(NaOH)$ 为0∶10,即激发剂仅为NaOH溶液时,Na_2CO_3 - NaOH 激发矿渣陶砂砂浆的流动度和稠度随着 Na_2O 含量的增加而增大。但是,所有掺加 Na_2CO_3 的 Na_2CO_3 - NaOH 激发矿渣陶砂砂浆的流动度和稠度均随着 Na_2O 含量的增加而减小。这是由于 Na_2O 含量越高,OH^- 浓度越高,从而使矿渣玻璃体加速溶解出 Ca^{2+},导致初始的 $CaCO_3$ 沉淀较多,降低了流动性。也有学者发现当 Na_2CO_3 和 NaOH 混合激发矿渣时,其流动度随着 Na_2O 含量从3%增加至4%而减小,同时也表明 Na_2CO_3 - NaOH 激发矿渣胶凝材料的屈服应力越大,流动度越小。无论 Na_2CO_3 与 NaOH 混合激发剂中的 Na_2O 含量为多少,$m(Na_2CO_3)/m(NaOH)$ 为2∶8时,Na_2CO_3 - NaOH 激发矿渣陶砂砂浆的流动度都最大。若增大 $m(Na_2CO_3)/m(NaOH)$,则砂浆的流动度减小,这是由屈服应力提高引起的。

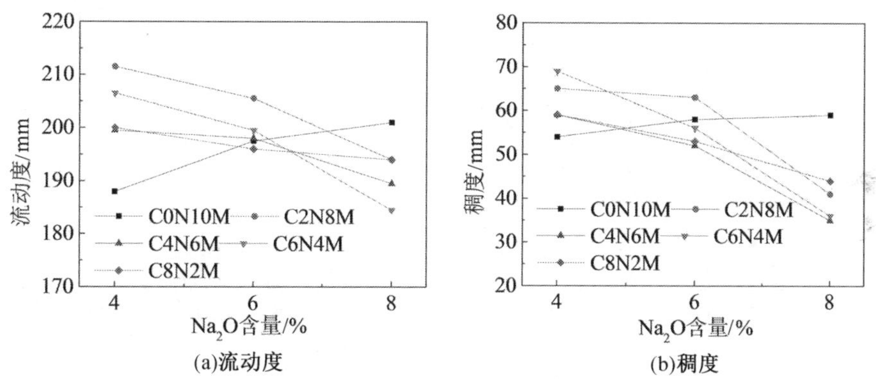

图3.11　$m(Na_2CO_3)/m(NaOH)$ 和 Na_2O 含量对 Na_2CO_3 - NaOH 激发矿渣陶砂砂浆流动性的影响

3.4.3 抗压强度

当水灰比为0.38、砂灰比为1.25∶1时,$m(Na_2CO_3)/m(NaOH)$和Na_2O含量对Na_2CO_3-NaOH激发矿渣陶砂砂浆1 d、3 d、7 d、14 d和28 d抗压强度的影响如图3.12所示。由图3.12可知,Na_2CO_3-NaOH激发矿渣陶砂砂浆的抗压强度均随着龄期的增加而增大。1 d抗压强度介于12.0～35.6 MPa,7 d抗压强度介于36.8～55.2 MPa,28 d抗压强度介于45.3～66.1 MPa,1 d、7 d的抗压强度分别可以达到28 d时的20.1%～60.5%、78.2%～89.5%。在标准养护龄期达到7 d前,Na_2CO_3-NaOH激发矿渣陶砂砂浆的抗压强度随着$m(Na_2CO_3)/m(NaOH)$的增大而呈先提高后降低的规律,其中当$m(Na_2CO_3)/m(NaOH)$最大时,早期抗压强度最低。但是在养护龄期达到7 d之后,Na_2CO_3-NaOH激发矿渣陶砂砂浆的抗压强度随着$m(Na_2CO_3)/m(NaOH)$的增大而提高。如Na_2O含量为6%时,$m(Na_2CO_3)/m(NaOH)$为2∶8、4∶6、6∶4、8∶2的砂浆28 d抗压强度分别约是$m(Na_2CO_3)/m(NaOH)$为0∶10时抗压强度的1.08倍、1.17倍、1.18倍、1.33倍。这主要是由于OH^-对加速矿渣玻璃体的溶解和改

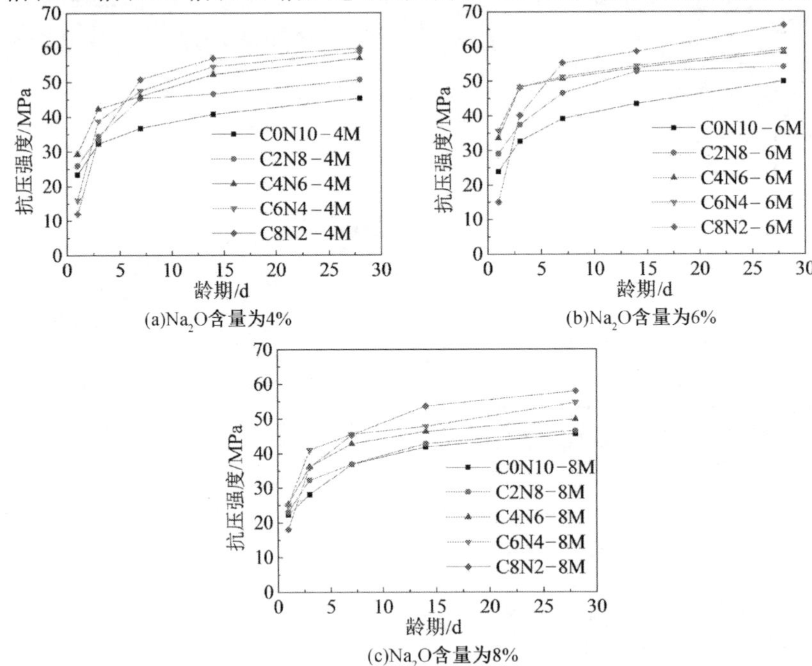

图3.12 $m(Na_2CO_3)/m(NaOH)$和Na_2O含量对Na_2CO_3-NaOH激发矿渣陶砂砂浆抗压强度的影响

善水化过程起着很重要的作用，Na_2CO_3 的加入降低了激发剂中 OH^- 的浓度，且初始的碳酸钠钙的形成降低了 Na_2CO_3 - NaOH 激发矿渣胶凝材料的早期抗压强度，但是随着养护龄期的延长，形成了高度交联结构的碳酸化合物，提高了后期抗压强度。由图3.12还发现，Na_2O 含量为6% 的 Na_2CO_3 - NaOH 激发矿渣陶砂砂浆的抗压强度高于 Na_2O 含量为4% 和8% 时的抗压强度。Na_2O 含量越高，砂浆的抗压强度越大，但是激发剂中的 Na_2O 存在一个最佳含量，过高的 Na_2O 含量会降低砂浆的抗压强度，有学者认为过量的 Na_2O 并不会完全参与反应。

3.4.4　干燥收缩

当水灰比为0.38、砂灰比为1.25∶1时，$m(Na_2CO_3)/m(NaOH)$ 和 Na_2O 含量对 Na_2CO_3 - NaOH 激发矿渣陶砂砂浆干燥收缩的影响如图3.13所示。

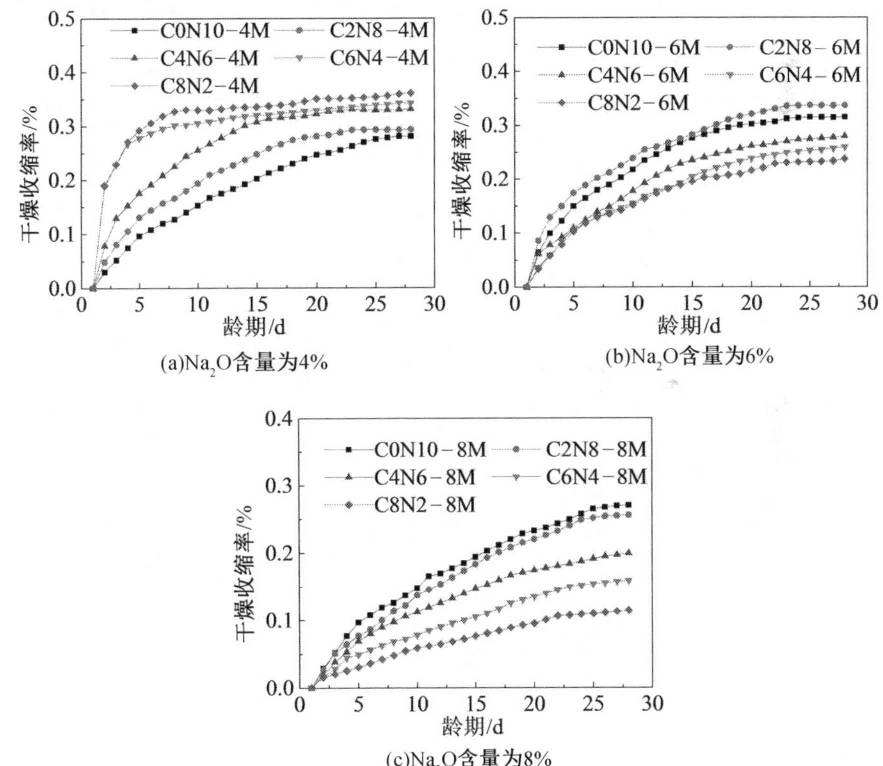

图3.13　$m(Na_2CO_3)/m(NaOH)$ 和 Na_2O 含量对 Na_2CO_3 - NaOH 激发矿渣陶砂砂浆干燥收缩的影响

当 Na_2O 含量为4% 时，Na_2CO_3 – NaOH 激发矿渣陶砂砂浆的干燥收缩率随着 $m(Na_2CO_3)/m(NaOH)$ 的增大而增大；但是当 Na_2O 含量为8% 时，Na_2CO_3 – NaOH 激发矿渣陶砂砂浆的干燥收缩率却随着 $m(Na_2CO_3)/m(NaOH)$ 的增大而减小。在 Na_2O 含量较高时，掺加 Na_2CO_3 可以降低 Na_2CO_3 – NaOH 激发矿渣陶砂砂浆的干燥收缩率。Na_2CO_3 – NaOH 激发矿渣陶砂砂浆28 d 的最大干燥收缩率（砂浆配合比组号为C8N2 – 4M）为0.36%，约是最小干燥收缩率（砂浆配合比组号为 C8N2 – 8M）0.11% 的3.27 倍。也有研究表明，随着 Na_2CO_3 含量从4%增加到6%，Na_2CO_3 – NaOH 激发矿渣胶凝材料的干燥收缩率明显下降。反应产物中的水滑石相有利于降低干燥收缩率，而非晶态相的水化硅酸钙（C – S – H）凝胶和含有碱性阳离子的水化硅铝酸钙（C – A – S – H）的形成引起干燥收缩。另外，在 $m(Na_2CO_3)/m(NaOH)$ 较高的情况（即 $m(Na_2CO_3)/m(NaOH)$ 为4∶6、6∶4、8∶2）下，Na_2CO_3 – NaOH 激发矿渣陶砂砂浆的干燥收缩率随着 Na_2O 含量的增大而降低。这是由于 Na_2O 含量较低时，激发剂的 OH^- 浓度也比较小，不能充分反应，因此残留的水分导致干燥收缩率较大。而当碱性激发剂仅为 NaOH 或者仅为 Na_2CO_3 时，砂浆的干燥收缩却呈相反的趋势，即干燥收缩率随着 Na_2O 含量的增大而增大。Na_2CO_3 – NaOH 激发矿渣陶砂砂浆的干燥收缩机理比较复杂，它同时取决于 $m(Na_2CO_3)/m(NaOH)$ 和 Na_2O 含量。

目前，很多学者针对用 Na_2CO_3 和 NaOH 单掺或者两者混合作为碱性激发剂的碱激发矿渣胶凝材料的干燥收缩相关结论有所不同，但是 Wittmann 和 Collins 均认为孔径分布和 C – S – H 凝胶的特征对干燥收缩有显著影响，毛细管半径的大小决定着毛细张力的大小，其是引起材料干燥收缩的主要因素。

3.5 本章小结

本章系统地研究了水玻璃和 Na_2CO_3 – NaOH 两种激发剂体系下碱激发矿渣陶砂砂浆的工作性能、力学性能和干燥收缩性能的变化规律，可以得到以下结论：

（1）通过考察水灰比和砂灰比对碱激发矿渣陶砂砂浆的凝结时间、流动度和稠度的影响，确定了水玻璃激发矿渣陶砂砂浆配合比中以水灰比 0.35、砂灰比

1.75∶1 作为基准配合比，Na_2CO_3 – NaOH 激发矿渣陶砂砂浆配合比中以水灰比 0.38、砂灰比 1.25∶1 作为基准配合比。

（2）对于水玻璃激发矿渣陶砂砂浆，水玻璃模数和 Na_2O 含量对水玻璃激发矿渣陶砂砂浆的凝结时间、流动性、抗压强度和干燥收缩性能均有重要的影响。碱激发矿渣陶砂砂浆一般表现出较快的凝结性能，凝结时间主要取决于 Na_2O 含量；流动度和稠度主要取决于水玻璃模数，Na_2O 含量为 8% 的砂浆具有良好的流动性；砂浆的早期强度高，1 d 抗压强度便可达到 28 d 抗压强度的 70% 以上，Na_2O 含量为 8% 的砂浆抗压强度最优；干燥收缩率随着水玻璃模数和 Na_2O 含量的增加而增大，28 d 的干燥收缩率介于 0.22% ~ 0.39%，是水泥砂浆的 3 ~ 5 倍。

（3）对于 Na_2CO_3 – NaOH 激发矿渣陶砂砂浆，$m(Na_2CO_3)/m(NaOH)$ 和 Na_2O 含量对 Na_2CO_3 – NaOH 激发矿渣陶砂砂浆的凝结时间、流动性、抗压强度和干燥收缩性能均有显著影响。凝结时间随着 $m(Na_2CO_3)/m(NaOH)$ 的增大而延长，随着 Na_2O 含量的增大而缩短；流动度和稠度随着 Na_2O 含量的增加而增大；早期抗压强度随着 $m(Na_2CO_3)/m(NaOH)$ 的增大呈先提高后降低的规律，后期抗压强度随 $m(Na_2CO_3)/m(NaOH)$ 的增大而提高；Na_2O 含量为 6% 时砂浆的抗压强度最大；当 Na_2O 含量较低时，干燥收缩率随着 $m(Na_2CO_3)/m(NaOH)$ 的增大而增大，但是当 Na_2O 含量较高时，Na_2CO_3 的掺加却可以有效地降低砂浆的干燥收缩率。

第4章　碱激发矿渣陶粒混凝土砌块砌体的轴心抗压性能

4.1　概　　述

在实际工程应用中,砌体一般处于复合应力状态,但是单轴受压状态下的砌体抗压强度是复合应力状态下强度分析的基础。因此,轴心抗压性能是反映砌体结构最基本的力学性能,对砌体结构的强度计算、内力分析等有重要意义。碱激发矿渣陶砂砂浆的强度和收缩均明显高于普通水泥砂浆和混合砂浆,且本书采用碱激发矿渣陶粒混凝土空心砌块和实心砖,与普通混凝土砌体相比,这类新型砌体应具有其自身新的特点。目前,国内外还未曾报道过该类新型砌体的轴心抗压性能研究。通过对新型砌体试件进行轴压性能试验研究,观察试件在轴心受压状态下的破坏过程与破坏形态,为研究用碱激发矿渣陶砂砂浆砌筑的碱激发矿渣陶粒混凝土砌体的受压应力 - 应变关系和其基本力学性能指标提供参考,提出适用于该砌体的轴心抗压强度计算公式,分析峰值压应变、极限压应变、弹性模量、泊松比等基本力学性能指标的变化规律,以满足工程应用的需要。

4.2　试验方案

4.2.1　原材料

1. 矿渣 Ⅱ

本试验采用的矿渣 Ⅱ 为哈尔滨三发新型节能建材有限公司提供的粒化高炉

矿渣,其比表面积为379 m^2/kg。矿渣 Ⅱ 的化学成分和技术指标分别见表4.1和表4.2。

表4.1　矿渣 Ⅱ 的化学成分　　%

$w(SiO_2)$	$w(Al_2O_3)$	$w(CaO)$	$w(Fe_2O_3)$	$w(K_2O)$	$w(MgO)$	$w(Na_2O)$	$w(SO_3)$	w(其他)
34.18	12.64	26.60	15.32	0.69	8.11	0.42	0.50	1.51

表4.2　矿渣 Ⅱ 的技术指标

级别	比表面积/($m^2 \cdot kg^{-1}$)	密度/($g \cdot cm^{-3}$)	质量系数 K	碱性系数 M_0	活度系数 M_n
S95	379	2.85	1.52	0.74	0.37

2. **粉煤灰**

本试验采用的粉煤灰为黑龙江省双达电力设备集团有限公司生产的Ⅰ级粉煤灰,其密度为2.43 g/cm^3,粉煤灰的化学成分见表4.3。

表4.3　粉煤灰的化学成分　　%

$w(SiO_2)$	$w(Al_2O_3)$	$w(CaO)$	$w(Fe_2O_3)$	$w(K_2O)$	$w(MgO)$	$w(Na_2O)$	$w(SO_3)$	w(其他)
58.29	21.50	7.94	4.73	1.59	1.57	0.69	0.31	3.38

3. **陶粒**

本试验采用的陶粒为河南省巩义市宇轩环保科技有限公司生产,粒径为5～16 mm,干表面密度为830 kg/m^3,吸水率为20%,筒压强度为4.2 MPa。

4. **水玻璃 Ⅱ**

本试验采用的水玻璃 Ⅱ 为河北聚利得化工有限公司提供的液态硅酸钠水玻璃,其含水率为64.5%,模数为3.2,Na_2O 和 SiO_2 的质量分数分别为8.7%和26.8%。

其余试验所用的原材料见2.2.1节和3.2.1节。

4.2.2 碱激发矿渣陶粒混凝土空心砌块和实心砖

1. 空心砌块和实心砖的配合比

在课题组前期研究水灰比、砂率、粉煤灰掺量、水玻璃模数和 Na_2O 含量对碱激发矿渣陶粒混凝土抗压强度和干燥收缩的影响规律的基础上,获得了6个不同强度等级的碱激发矿渣陶粒混凝土的优化配合比。试验采用的是 MU7.5、MU10、MU15、MU20 强度等级的碱激发矿渣陶粒混凝土空心砌块和 MU25、MU30 强度等级的碱激发矿渣陶粒混凝土实心砖,均由碱性激发剂、矿渣、陶砂、陶粒配制而成,具体配合比见表 4.4 和表 4.5。

表 4.4 碱激发矿渣陶粒混凝土空心砌块的配合比 kg/m³

强度等级	矿渣 Ⅰ	矿渣 Ⅱ	陶砂	陶粒		水玻璃 Ⅱ	NaOH	水
				5 ~ 10 mm	10 ~ 16 mm			
MU7.5	—	451	768	130	303	131	29	76
MU10	—	457	776	131	307	134	20	69
MU15	—	451	768	130	303	131	29	76
MU20	381	—	540	777	—	110	25	64

表 4.5 碱激发矿渣陶粒混凝土实心砖的配合比 kg/m³

强度等级	矿渣 Ⅰ	矿渣 Ⅱ	陶砂	陶粒		水玻璃 Ⅱ	NaOH	水
				5 ~ 10 mm	10 ~ 16 mm			
MU25	—	457	776	131	307	134	20	69
MU30	381	—	540	777	—	110	25	64

2. 空心砌块和实心砖的制备

(1) 碱激发矿渣混凝土空心砌块的制备。

由于碱激发矿渣陶粒混凝土处于试验室初步研究阶段,首先对制备碱激发矿渣陶粒混凝土空心砌块的模具进行了研究,加工的模具如图4.1所示。图4.1(a) 所示是自制的试验用空心砌块加工装置,将搅拌好的混凝土装入该模具后挤压成型;图4.1(b) 所示是用有机玻璃制作的混凝土空心砌块模具,将搅拌好的混凝土装入该模具后在振动台上振动成型。由于水玻璃激发矿渣陶粒混凝土与钢板黏结性较大,导致图4.1(a) 所示的装置在制备砌块的过程中脱模困难,因此本节采用图4.1(b) 所示的模具来制备碱激发矿渣陶粒混凝土空心砌块。

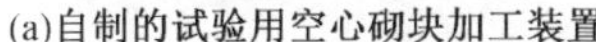

(a)自制的试验用空心砌块加工装置

(b)有机玻璃制作的空心砌块模具

图 4.1　碱激发矿渣混凝土空心砌块的模具

试验时,首先将称量好的矿渣、陶砂、陶粒搅拌 5 min,使原材料拌和均匀。再将已配制好的降至 20 ~ 25 ℃ 的碱性激发剂缓慢加入其中,搅拌 1 min,成型状态如图 4.2(a) 所示,即可装入空心砌块模具中,如图 4.2(b) 所示。将装好混凝土的模具移至振动台振动 1 min,如图 4.2(c) 所示,待碱激发矿渣陶粒混凝土砌块达到一定强度时便可拆模,如图 4.2(d) ~ (g) 所示。试验采用的碱激发矿渣混凝土空心砌块有两种:390 mm × 190 mm × 190 mm 砌块的孔洞率为 48.3%,190 mm × 190 mm × 190 mm 砌块的孔洞率为 36.0%。砌块的尺寸如图 4.3 所示。

(a)搅拌成型

(b)装模

(c)振动

(d)砌块成型1

图 4.2　碱激发矿渣陶粒混凝土空心砌块的制备

(e)砌块成型2

(f)拆模

(g)碱激发矿渣陶粒混凝土空心砌块

续图 4.2

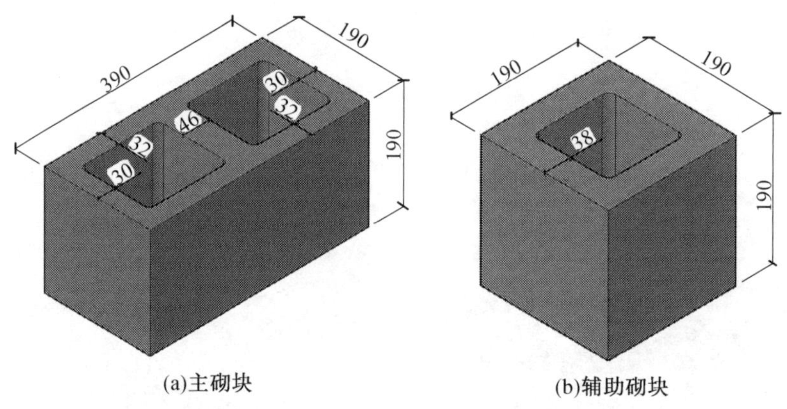

(a)主砌块　　(b)辅助砌块

图 4.3　碱激发矿渣陶粒混凝土空心砌块的尺寸(单位为 mm)

(2) 碱激发矿渣混凝土实心砖的制备。

自制的试验用实心砖模具如图 4.4(a) 所示,将搅拌好的碱激发矿渣陶粒混凝土装入该模具后在振动台上振动成型,如图 4.4(b) 所示,待实心砖达到一定强度后便可拆模,自然养护。碱激发矿渣陶粒混凝土实心砖的尺寸为 240 mm × 115 mm × 53 mm。

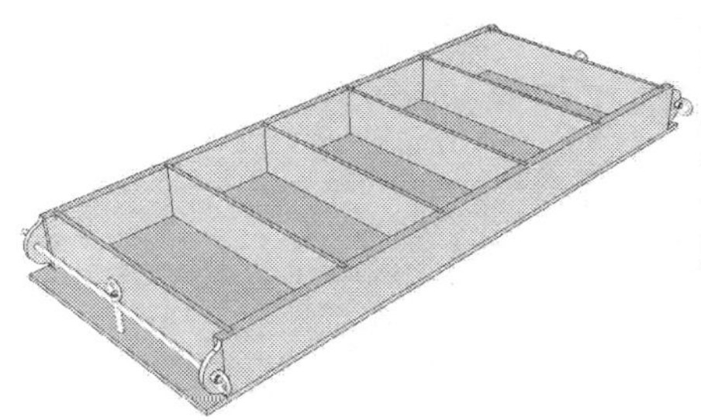

(a)实心砖模具

(b)实心砖振动成型

(c)制成的实心砖

图4.4　碱激发矿渣陶粒混凝土实心砖的模具与制备

3. 块体抗压强度试验

(1) 空心砌块抗压试验。

依据《混凝土砌块和砖试验方法》(GB/T 4111—2013),在进行砌块抗压强度的当天用高强石膏对碱激发矿渣陶粒混凝土空心砌块上下两面进行找平,以降低承压面间平行度对抗压强度的影响,找平后2 h便可进行抗压强度试验。首先测量砌块承压面的长度和宽度,再将砌块放置在试验机的下压板上,尽量保证砌块的中心与试验机压板的中心重合,加载速率为(5.0 ±1.0) kN/s,均匀加载至试件破坏,如图4.5所示。试验中每组5个砌块,将5个主砌块的抗压强度平均值记为碱激发矿渣陶粒混凝土空心砌块的抗压强度。碱激发矿渣陶粒混凝土空心砌块抗压强度实测值见表4.6。

(a)实拍图

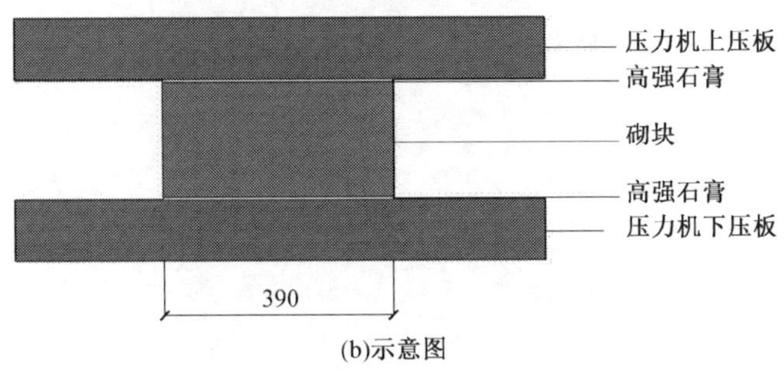

(b)示意图

图 4.5　碱激发矿渣陶粒混凝土空心砌块抗压试验

表 4.6　碱激发矿渣陶粒混凝土空心砌块抗压强度实测值

空心砌块强度等级	MU7.5	MU10	MU15	MU20
抗压强度 /MPa	8.06	10.84	16.10	20.39
变异系数	0.16	0.09	0.13	0.10

注:试件尺寸为 390 mm × 190 mm × 190 mm。

(2) 实心砖抗压试验。

根据《混凝土实心砖》(GB/T 21144—2007),将养护至龄期的碱激发矿渣陶粒混凝土实心砖切断成两个半截砖,断开的半截砖长必须不小于 90 mm,两个半截砖用水泥净浆黏结,养护 3 d 后进行实心砖抗压试验。试验前,测量每个试样受压面的长度和宽度;将试样平放在加压板的中央,垂直于受压面均匀加载,加载速率为(5.0 ±1.0) kN/s,直至试样破坏,如图 4.6 所示。试验结果见表 4.7。

表 4.7　碱激发矿渣陶粒混凝土实心砖抗压强度实测值

实心砖强度等级	MU25	MU30
抗压强度 /MPa	25.7	32.9
变异系数	0.07	0.09

注:试件尺寸为 240 mm × 115 mm × 53 mm。

图 4.6　碱激发矿渣陶粒混凝土实心砖抗压破坏形态

4.2.3　碱激发矿渣陶砂砂浆

1. 砂浆配合比

在本书第 3 章研究各关键因素对碱激发矿渣陶砂砂浆基本性能的影响规律的基础上，调整出强度等级为 Mb15 ~ Mb60 的碱激发矿渣陶砂砂浆配合比。碱激发矿渣陶粒混凝土空心砌块砌体抗压试验采用的是 Mb20、Mb25、Mb35 和 Mb60 这 4 个强度等级的碱激发矿渣陶砂砂浆；碱激发矿渣陶粒混凝土实心砖砌体抗压试验采用的是 Mb15、Mb20、Mb25、Mb30、Mb45 和 Mb60 这 6 个强度等级的碱激发矿渣陶砂砂浆。碱激发矿渣陶砂砂浆由矿渣、粉煤灰、陶砂、碱性激发剂配制而成，具体配合比见表 4.8。

表 4.8　碱激发矿渣陶砂砂浆的配合比　　kg/m^3

强度等级	矿渣 Ⅰ	矿渣 Ⅱ	粉煤灰	陶砂	水玻璃 Ⅱ	NaOH	Na_2CO_3	水
Mb15	—	509	—	1 060	—	24.3	6.1	218.5
Mb20	—	222	222	1 111	206.7	35.5	—	117.5
Mb25	—	248	248	1 032	230.4	39.6	—	130.9
Mb30	—	263	263	1 097	194.4	38.0	—	97.7
Mb35	—	247	247	1 029	182.5	35.8	—	91.6
Mb45	—	464	—	1 160	171.3	33.5	—	111.6
Mb60	465	—	—	1 164	171.9	33.6	—	112.0

注：① 表中水为自来水。

② 水玻璃为液态，含水率为 64.5%。

③ 在配合比中，计算水灰比时的水包括液态水玻璃中的水、NaOH 按照 $2NaOH \longrightarrow Na_2O + H_2O$ 计算的水和自来水。

2. 砂浆抗压强度

依据《建筑砂浆基本性能试验方法标准》，测试砌筑浆体抗压强度的试块尺寸为70.7 mm × 70.7 mm × 70.7 mm，每组3个试件。在砌筑各项砌体试件的同时，预留出相应强度等级的砌筑浆体抗压强度试件，与该项砌体试件同条件养护，待达到相应的强度等级时，砌筑浆体的抗压试验与其相应的砌体试验同时进行，加载速率为1.0 kN/s。由于制备砌筑浆体抗压强度试件时用的是钢底模，根据《建筑砂浆基本性能试验方法标准》，经大量试验得知由砖底模改为钢底模后，不同原材料砂浆强度降低幅度在一个较大范围内，考虑到结构安全性，换算系数取1.35是最保守的情况。因此，将砌筑浆体抗压强度实测平均值乘以1.35后的折算抗压强度作为砌筑浆体的抗压强度平均值。参照3.2.3节中的砂浆抗压强度测试方法进行碱激发矿渣陶砂砂浆抗压试验，试验结果见表4.9。

表4.9　碱激发矿渣陶砂砂浆的抗压强度

砂浆强度等级	抗压强度/MPa	折算后抗压强度/MPa
Mb15	13.4	18.1
Mb20	14.5	20.9
Mb25	19.7	26.6
Mb30	23.5	31.7
Mb35	26.0	35.1
Mb45	35.4	47.8
Mb60	45.5	61.4

注：后续结果分析均采用折算后的砂浆抗压强度。

4.2.4　碱激发矿渣陶粒混凝土砌块砌体的轴压试验方案

1. 试件设计

(1) 碱激发矿渣陶粒混凝土空心砌块砌体。

依据《砌体基本力学性能试验方法标准》(GB/T 50129—2011)，碱激发矿渣陶粒混凝土空心砌块砌体采用混凝土小型空心砌块的标准砌体抗压试件，设计尺寸为990 mm × 590 mm × 190 mm，如图4.7所示。试验分别设计了4个强度等级的碱激发矿渣陶粒混凝土空心砌块和 4 个强度等级的碱激发矿渣陶砂砂浆砌筑的碱激发矿渣陶粒混凝土空心砌块砌体的轴心抗压试件,共 10 组,每组 6 个试件,共60个试件,抗压试验设计见表4.10。本次抗压试件是由同一名中等技术水平的瓦工砌筑的,抗压试件由 5 个主砌块和 5 个辅助砌块分 5 层砌筑而成。试件制作完成后,在自然条件下养护至相应的强度等级后进行该砌块砌体的抗压试验。所有试件顶部均用水泥砂浆进行找平,如图 4.8 所示。

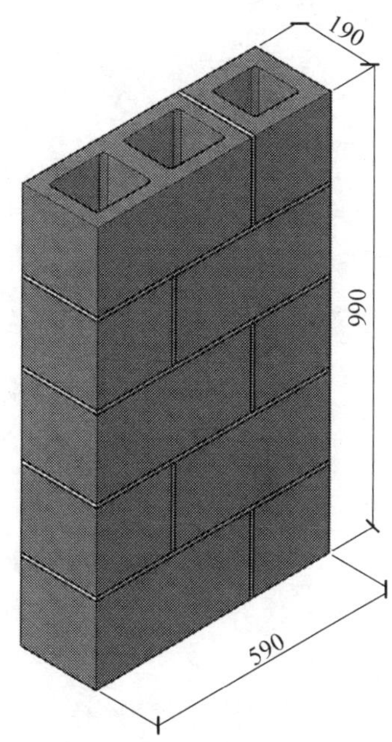

图 4.7　碱激发矿渣陶粒混凝土空心砌块砌体的轴心抗压试件(单位为 mm)

表 4.10　碱激发矿渣陶粒混凝土空心砌块砌体抗压试验设计及试件个数　个

砌块强度等级	砂浆强度等级			
	Mb20	Mb25	Mb35	Mb60
MU7.5	6	—	—	—
MU10	6	6	—	—
MU15	6	6	6	—
MU20	6	6	6	6

注:表中砌体尺寸为 990 mm × 590 mm × 190 mm。

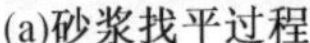
(a)砂浆找平过程

(b)砂浆找平后的试件

图 4.8　砂浆找平

（2）碱激发矿渣陶粒混凝土实心砖砌体。

根据《砌体基本力学性能试验方法标准》，混凝土实心砖砌体抗压试件的高厚比应为 3 ~ 5，因此碱激发矿渣陶粒混凝土实心砖砌体的尺寸取 750 mm × 365 mm × 240 mm，如图 4.9 所示，高厚比为 3.1，满足规范要求。试验分别设计了 2 个强度等级的碱激发矿渣陶粒混凝土实心砖和 6 个强度等级的碱激发矿渣陶砂砂浆砌筑的碱激发矿渣陶粒混凝土实心砖砌体的轴心抗压试件，共 11 组，每组 6 个试件，共 66 个试件，实心砖砌体抗压试验设计见表 4.11。本次实心砖砌体抗压试件是由同一名中等技术水平的瓦工砌筑的，抗压试件由 36 个实心砖分 12 层砌筑而成。试件制作完成后，在自然条件下养护至相应的强度等级后进行该实心砖砌体的抗压试验。所有试件顶部均用水泥砂浆进行找平，如图 4.10 所示。

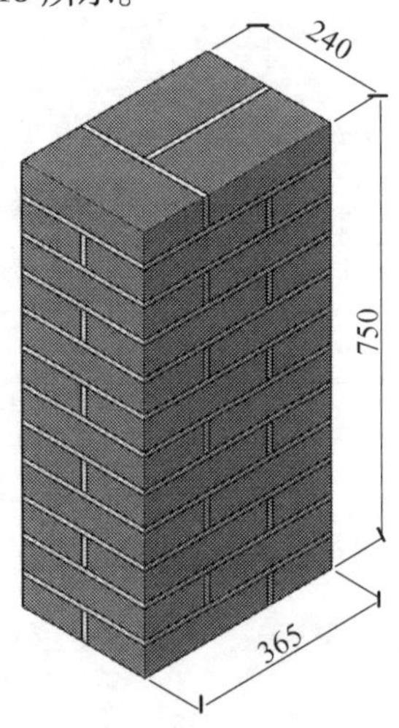

图 4.9　碱激发矿渣陶粒混凝土实心砖砌体轴心抗压试件（单位为 mm）

表 4.11　碱激发矿渣陶粒混凝土实心砖砌体抗压试验设计及试件个数　个

砌块强度等级	砂浆强度等级					
	Mb60	Mb45	Mb30	Mb25	Mb20	Mb15
MU25	—	6	6	6	6	6
MU30	6	6	6	6	6	6

注:表中砌体尺寸为 750 mm × 365 mm × 240 mm。

图 4.10　水泥砂浆找平

2. 测量及加载方案

为获得完整的碱激发矿渣陶粒混凝土空心砌块砌体受压应力 - 应变关系全曲线,砌体轴心抗压试验在 10 000 kN 电液伺服压力机上进行,这是因为该压力机刚度足够大,可以较好地获得砌体受压时的应力 - 应变曲线下降段。所有试件顶部用石膏进行二次找平,确保加载面的平整。碱激发矿渣陶粒混凝土空心砌块砌体轴心抗压试验加载装置如图 4.11 所示,试件的两个宽面分别对称布置两个竖向位移计和一个横向位移计,测量竖向位移的位移计标距为600 mm,测量横向位移的位移计标距为 300 mm。在试验加载前,在沿试件高度的 3 个不同位置处,分别测量试件的厚度与宽度。碱激发矿渣陶粒混凝土实心砖砌体轴心抗压试验加载装置如图 4.12 所示,试件的 4 个面各布置一个竖向位移计,标距为 240 mm;两个宽面对称布置横向位移计,标距为 200 mm。试验加载前,选取 6 个点测量试件的高度,高度的误差应在 3 mm 以内,当其超过 3 mm 时,需在标准件的顶面抹一层薄薄的快硬石膏。启动试验机将石膏压平,等石膏硬化后再进行试验,从而保证了标准件的平行度。首先进行预加载,采用预计破坏荷载的 5% ~20% 预压 3 ~ 5 次,在两次宽面轴向变形之差小于 10% 之后进行正式加载。试验正式加载全程采用等速位移加载的控制方式，在上升段采用 0.3 mm/min 的速率进行加载，当达到预估荷载的 80% 时，降低加载速率至 0.2 mm/min，以避免由于加载速率过快，砌体发生脆性破坏的现象。在试件加载过程中，观察和捕捉初始裂缝，并在试件上记录裂缝出现的位置、裂缝长度和相应的荷载值。随着试件的不断加载，观察和记录裂缝的发展变化情况。当试件破坏后，绘制裂缝图并标记贯通裂缝，总结归纳试件的破坏特征。

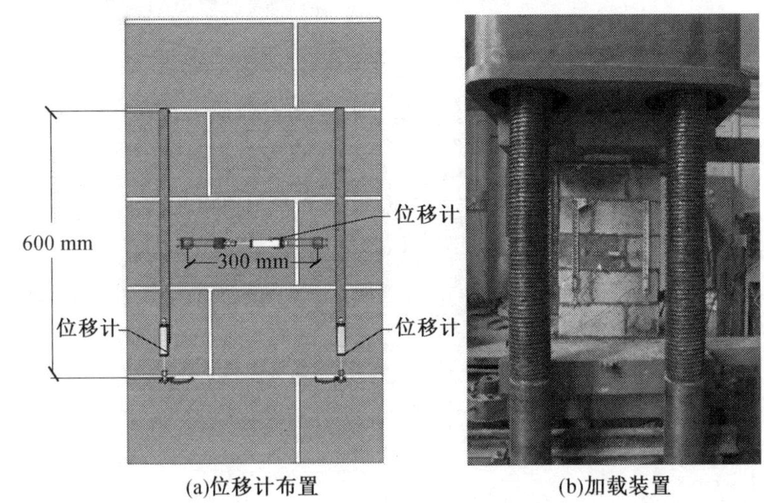

(a)位移计布置　　(b)加载装置

图 4.11　碱激发矿渣陶粒混凝土空心砌块砌体轴心抗压试验加载装置

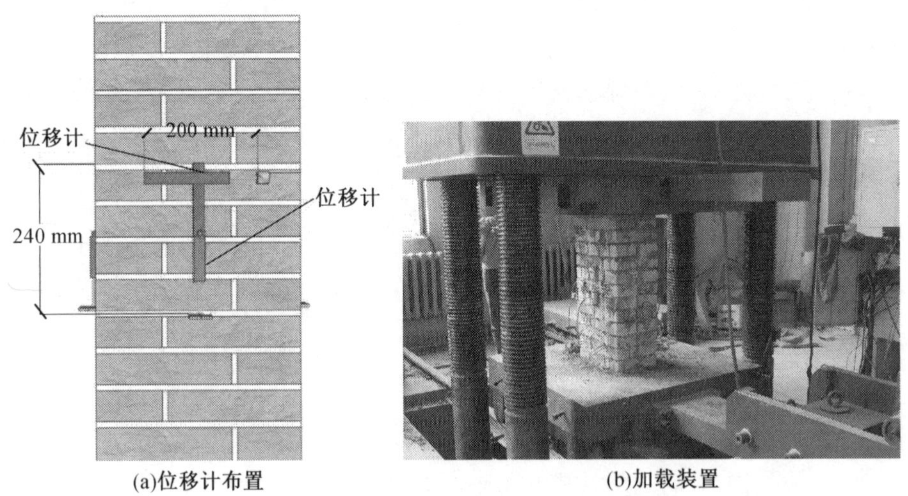

(a)位移计布置　　(b)加载装置

图 4.12　碱激发矿渣陶粒混凝土实心砖砌体轴心抗压试验加载装置

4.3　试验现象

碱激发矿渣陶粒混凝土砌块砌体的轴心抗压试验现象如下：

（1）碱激发矿渣陶粒混凝土空心砌块砌体。

碱激发矿渣陶粒混凝土空心砌块砌体的轴心受压破坏过程与普通混凝土空心砌块砌体基本相似。砌体从开始受力到破坏的整个过程划分为弹性阶段、单砖裂缝阶段、贯穿裂缝阶段和破坏阶段。

① 在加载初期，砌体处于弹性阶段，砌体受压变形较小。

② 当荷载增长到极限荷载的 40% ~ 80% 时，能够听到试件内部发出轻微的撕裂声，开始出现沿砌块高度贯通的微裂缝，其通常出现在试件宽面中间第 2 ~ 3 皮的沿竖向灰缝处，或在宽面第 1 皮的沿孔边处，或在砌块的肋部，裂缝发展较缓慢，如图 4.13 所示。

(a)宽面中间第2~3皮的沿竖向灰缝处

(b)宽面第1皮的沿孔边处

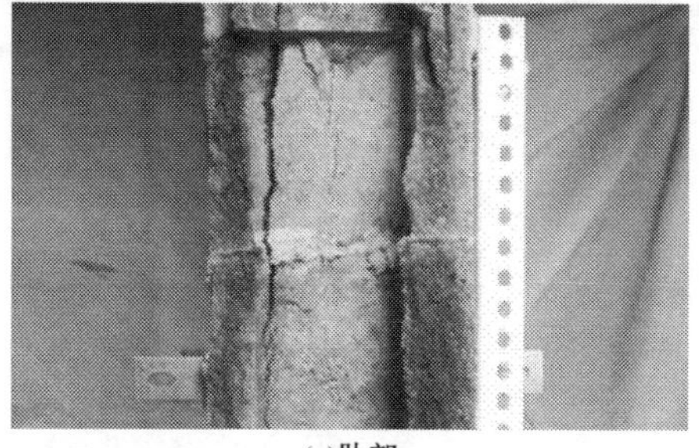

(c)肋部

图 4.13　初始裂缝出现的位置

③ 随着荷载的进一步增加,宽面出现的裂缝越来越多,沿孔边的细小裂缝逐渐开始向内扩展,沿灰缝竖向的微裂缝逐渐上下贯通。同时,窄面也开始出现竖向裂缝并逐渐扩宽。内部的劈裂声越来越大,裂缝逐渐形成贯通的裂缝群,将砌体分割为若干个长细柱。

④ 随着加载的继续,长细柱开始出现失稳或者被压碎,砌块壁出现严重的外鼓现象,出现随竖向压缩变形的增大而砌体承载力降低的现象。碱激发矿渣陶粒混凝土空心砌块砌体典型的破坏形态如图 4.14 所示。

(a)宽面破坏　(b)窄面破坏　(c)宽面脱落　(d)窄面脱落

图 4.14　试件典型的破坏形态

(2) 碱激发矿渣陶粒混凝土实心砖砌体。

用碱激发矿渣陶砂砂浆砌筑的碱激发矿渣陶粒混凝土实心砖砌体的轴心受压破坏过程分为四个阶段。

第一阶段:弹性阶段。在加载初期,砌体处于弹性阶段。

第二阶段:沿灰缝的单砖裂缝。继续加载,随着内部发出轻微的撕裂声,沿着竖向灰缝方向出现贯通单皮砖的裂缝,裂缝犹如发丝一样纤细,裂缝发展速度缓慢,如图 4.15(a) 和(b) 所示。

第三阶段:贯穿裂缝。随着荷载的继续增大,原有的裂缝不断扩展,同时产生新的裂缝,内部的劈裂声越来越大,沿灰缝的竖向裂缝贯通整个砌体,且在上下端出现较多微小的裂缝,如图 4.15(c) 所示。

第四阶段:破坏阶段。贯穿裂缝越来越多,裂缝宽度不断变大,逐渐形成贯通的裂缝群,将砌体分割为若干个长细柱。长细柱开始出现失稳现象,砌块壁出现严重的外鼓现象,内部结构破坏越来越严重,砌体承载力降低,如图 4.15(d) 所示。

(a)宽面单砖裂缝

(b)窄面单砖裂缝

(c)贯穿裂缝

(d)若干个长细柱

图 4.15　试件的破坏过程

4.4　试验结果与分析

4.4.1　受压应力 - 应变关系

砌体单轴的受压应力 - 应变关系是砌体结构中最基本的力学性能之一，在分析砌体的弹塑性变形、延性等特性中发挥着重要的作用。

1. 受压应力 - 应变曲线

通过电液伺服压力机和竖向位移计测得荷载 - 位移曲线，再通过换算可获得各试件的受压应力 - 应变关系全曲线，如图 4.16 和图 4.17 所示。每组试件的

应力 - 应变关系曲线的上升段差别均较小,基本重合,但是下降段的离散性都较大。举例来说,图中"W7.5 - 20 - 1"为试件名称,其中"W"表示墙,"7.5"表示块体的抗压强度等级为 MU7.5,"20"表示砂浆的抗压强度等级为 Mb20,"1"表示试件编号,以此类推。

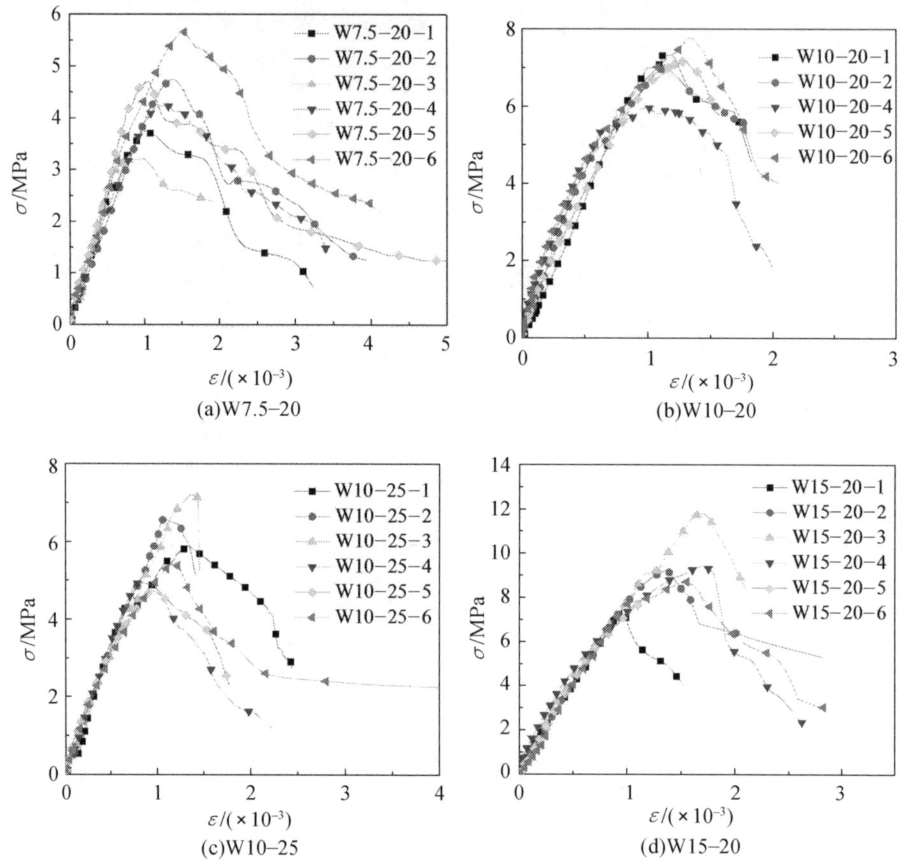

图 4.16　碱激发矿渣陶粒混凝土空心砌块砌体的受压应力 - 应变关系全曲线

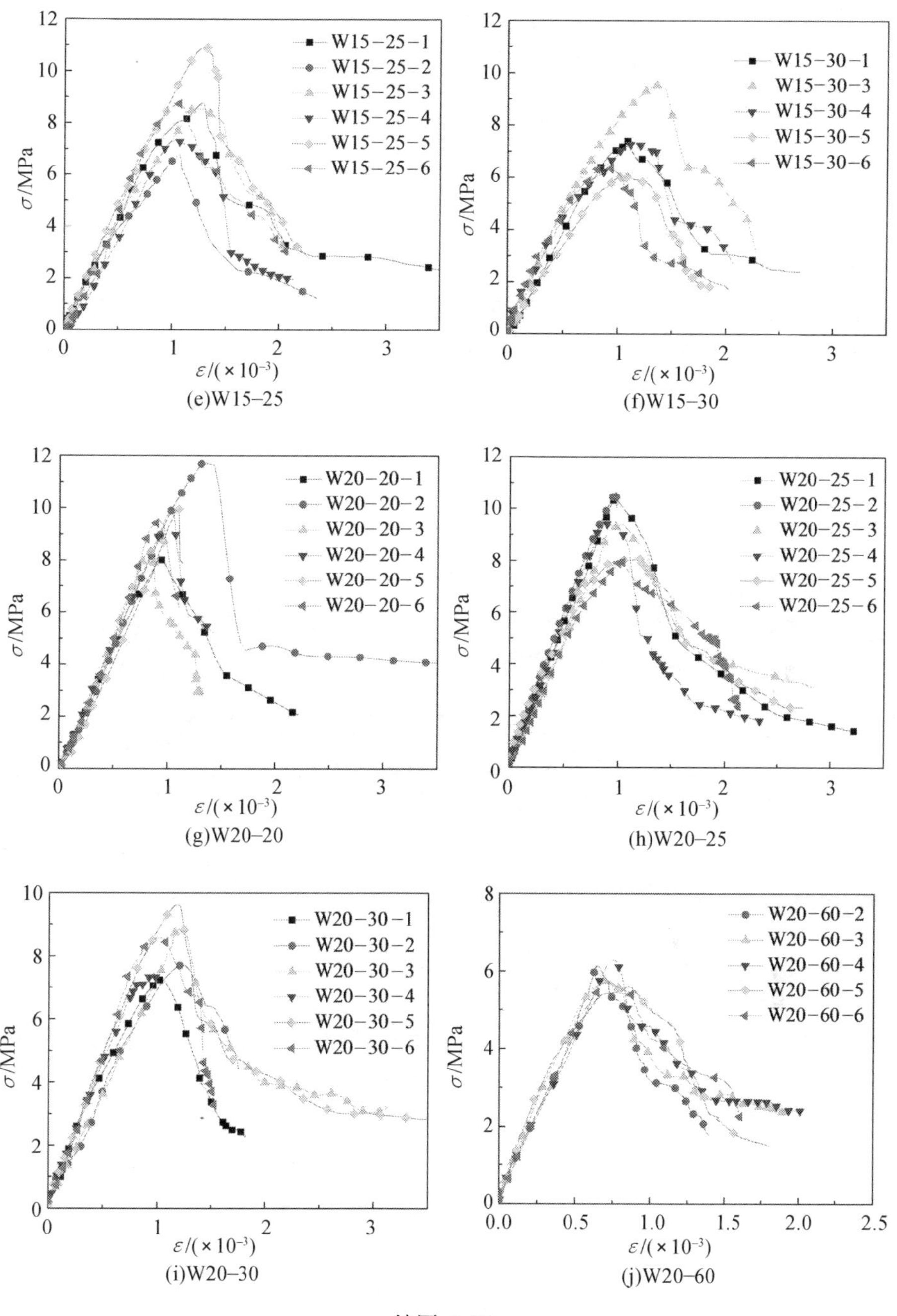

续图 4.16

由于碱激发矿渣陶粒混凝土实心砖砌体是全截面受力，而碱激发矿渣陶粒混凝土空心砌块砌体是毛截面受力。通过图 4.16 和图 4.17 可以明显看出，与碱激发矿渣陶粒混凝土空心砌块砌体相比，碱激发矿渣陶粒混凝土实心砖砌体的弹性模量相对大些(受压应力 - 应变曲线上升段相对陡些)、抗压强度相对高些。当砌筑用块材和浆体的抗压强度和弹性模量基本相同时，砌体受压过程中块材和浆体基本同时破坏；当块材的抗压强度和弹性模量高于砌筑浆体时，由于块材不平整，砌体抗压破坏始于水平灰缝；当块材的抗压强度和弹性模量低于砌筑浆体时，砌体抗压破坏始于块材。由于受压破坏形式不同，碱激发矿渣陶粒混凝土空心砌块砌体和碱激发矿渣陶粒混凝土实心砖砌体的受压应力 - 应变曲线均比较离散。由于空心砌块壁的高厚比远高于实心砖，同时由于空心砌块砌体的水平灰缝不连续，因此碱激发矿渣空心砌块砌体的受压应力 - 应变曲线的下降段相对陡峭。

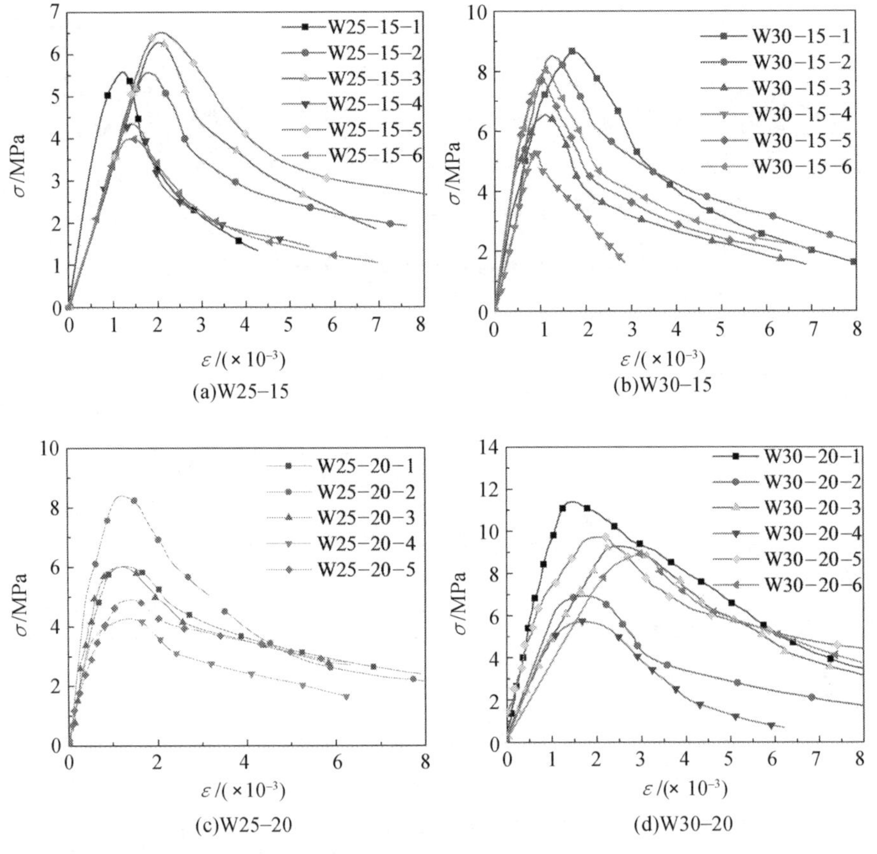

图 4.17　碱激发矿渣陶粒混凝土实心砖砌体的受压应力 - 应变关系全曲线

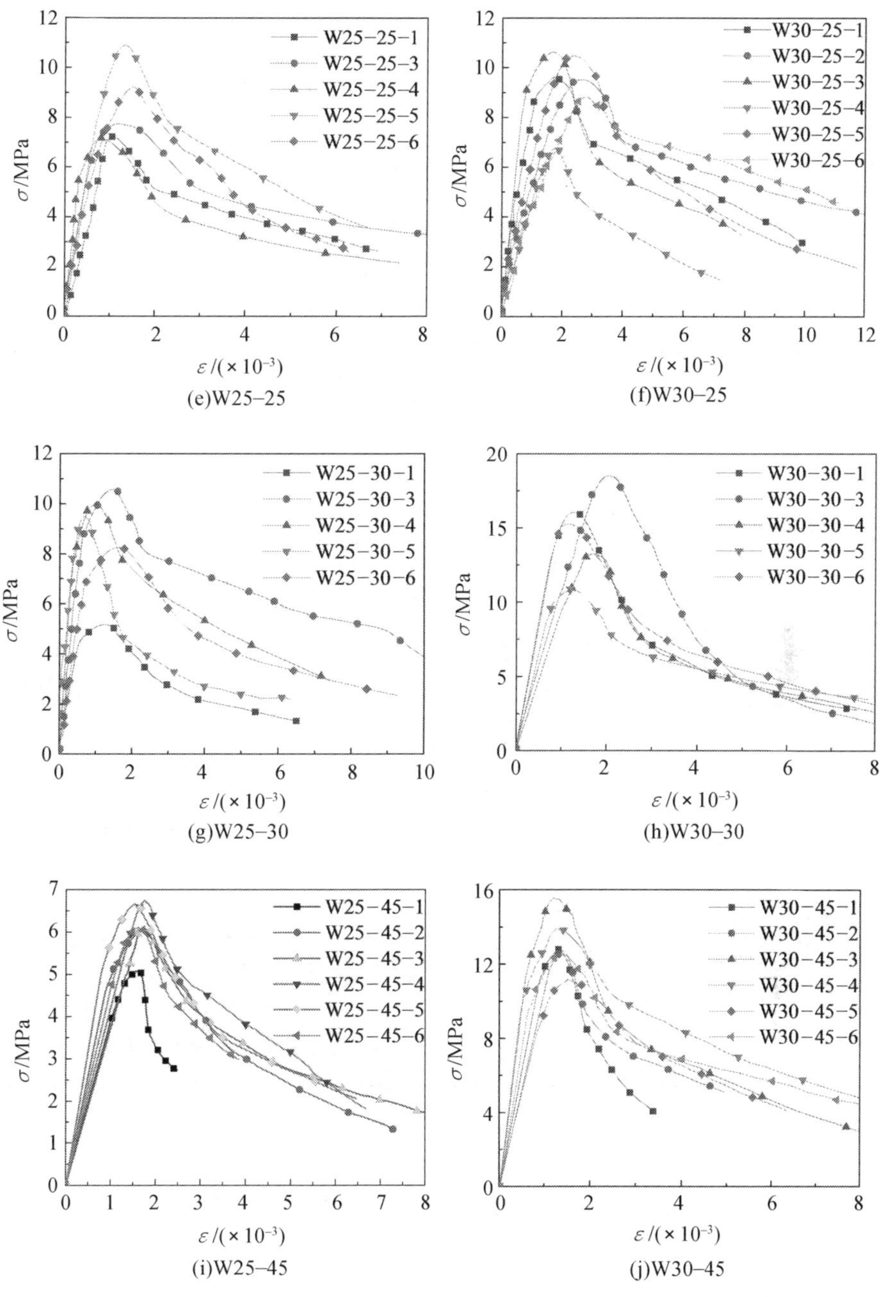
W25−25−1
W25−25−3
W25−25−4
W25−25−5
W25−25−6
σ/MPa
ε/(×10⁻³)
(e)W25−25
W30−25−1
W30−25−2
W30−25−3
W30−25−4
W30−25−5
W30−25−6
(f)W30−25
W25−30−1
W25−30−3
W25−30−4
W25−30−5
W25−30−6
(g)W25−30
W30−30−1
W30−30−3
W30−30−4
W30−30−5
W30−30−6
(h)W30−30
W25−45−1
W25−45−2
W25−45−3
W25−45−4
W25−45−5
W25−45−6
(i)W25−45
W30−45−1
W30−45−2
W30−45−3
W30−45−4
W30−45−5
W30−45−6
(j)W30−45

续图 4.17

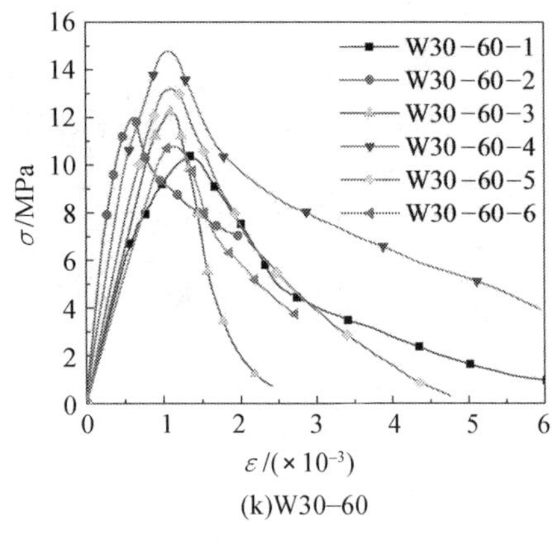

(k)W30-60

续图 4.17

2. 受压应力 - 应变上升段曲线方程

关于砌体结构的受压应力 - 应变关系目前还没有统一的本构模型。碱激发矿渣陶粒混凝土空心砌块和实心砖的本质是由碱激发矿渣陶粒混凝土构成，也就是由碱激发矿渣胶凝材料、陶砂和陶粒构成。国内外对混凝土的本构关系开展了大量研究工作，且其研究成果相对成熟，同时，针对碱激发矿渣混凝土受压应力 - 应变关系也开展了一定的研究。从经典的混凝土本构模型来看，如 Hognestad 本构模型、Kent 本构模型以及过镇海提出的应力 - 应变全曲线方程等，均采用了抛物线形式。抛物线形式能更好地反映曲线上升段的特征点，与实际受力状态符合较好。基于此，以砌体压应变 ε 与其峰值压应变 ε_0 之比为横坐标，以砌体压应力 σ 与其抗压强度 σ_0 之比为纵坐标，建立直角坐标系。将上升段的各个试验点置入该坐标系中，则碱激发矿渣陶粒混凝土砌体上升段的受压应力 - 应变拟合曲线如图 4.18 所示。该曲线的数学表达式为

空心砌块砌体：
$$\frac{\sigma}{\sigma_0}=1.39\frac{\varepsilon}{\varepsilon_0}-0.39\left(\frac{\varepsilon}{\varepsilon_0}\right)^2 \tag{4.1}$$

实心砖砌体：
$$\frac{\sigma}{\sigma_0}=1.9\frac{\varepsilon}{\varepsilon_0}-0.9\left(\frac{\varepsilon}{\varepsilon_0}\right)^2 \tag{4.2}$$

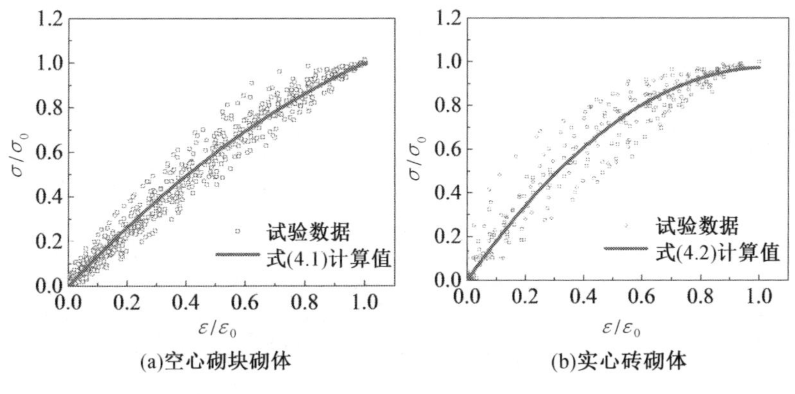

图 4.18　受压应力 - 应变上升段拟合曲线

3. 受压应力 - 应变下降段曲线方程

针对混凝土的受压应力 - 应变关系下降段的研究表明,“下降段”反映的是混凝土内部沿开裂面滑移及裂缝在骨料薄弱面持续发展,摩擦咬合力起主导作用控制下降段的变形,参考过镇海提出的混凝土受压应力 - 应变全曲线模型,为了简化计算公式,使其便于工程应用,以砌体压应变 ε 与其峰值压应变 ε_0 之比为横坐标,以砌体压应力 σ 与其抗压强度 σ_0 之比为纵坐标,建立直角坐标系。将下降段的各个试验点置入该坐标系中,即可获得碱激发矿渣陶粒混凝土砌体下降段的拟合曲线,如图 4.19 所示。该曲线的数学表达式为

空心砌块砌体:
$$\frac{\sigma}{\sigma_0}=\frac{\frac{\varepsilon}{\varepsilon_0}}{3.35\left(\frac{\varepsilon}{\varepsilon_0}-1\right)^2+\frac{\varepsilon}{\varepsilon_0}} \tag{4.3}$$

实心砖砌体:
$$\frac{\sigma}{\sigma_0}=\frac{\frac{\varepsilon}{\varepsilon_0}}{0.78\left(\frac{\varepsilon}{\varepsilon_0}-1\right)^2+\frac{\varepsilon}{\varepsilon_0}} \tag{4.4}$$

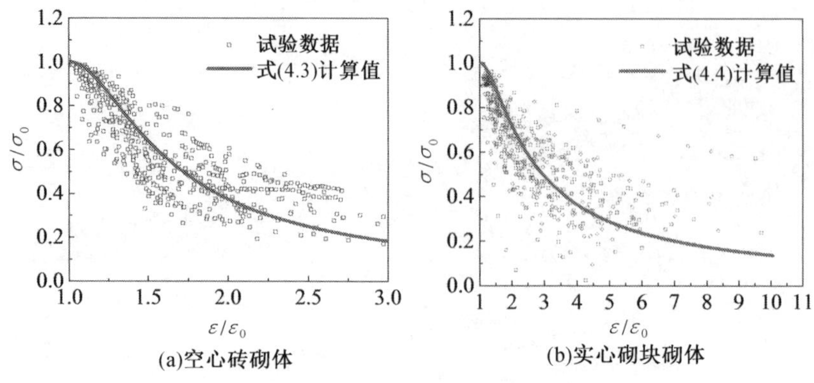

(a)空心砖砌体　　(b)实心砌块砌体

图 4.19　受压应力 - 应变下降段拟合曲线

综上可得,用碱激发矿渣陶砂砂浆砌筑的碱激发矿渣陶粒混凝土砌体的受压应力 - 应变关系全曲线方程为

$$\text{空心砌块砌体:}\ \frac{\sigma}{\sigma_0}=\begin{cases}1.39\dfrac{\varepsilon}{\varepsilon_0}-0.39\left(\dfrac{\varepsilon}{\varepsilon_0}\right)^2, & \dfrac{\varepsilon}{\varepsilon_0}<1\\[2ex] \dfrac{\dfrac{\varepsilon}{\varepsilon_0}}{3.35\left(\dfrac{\varepsilon}{\varepsilon_0}-1\right)^2+\dfrac{\varepsilon}{\varepsilon_0}}, & \dfrac{\varepsilon}{\varepsilon_0}\geqslant 1\end{cases} \tag{4.5}$$

$$\text{实心砖砌体:}\ \frac{\sigma}{\sigma_0}=\begin{cases}1.9\dfrac{\varepsilon}{\varepsilon_0}-0.9\left(\dfrac{\varepsilon}{\varepsilon_0}\right)^2, & \dfrac{\varepsilon}{\varepsilon_0}<1\\[2ex] \dfrac{\dfrac{\varepsilon}{\varepsilon_0}}{0.78\left(\dfrac{\varepsilon}{\varepsilon_0}-1\right)^2+\dfrac{\varepsilon}{\varepsilon_0}}, & \dfrac{\varepsilon}{\varepsilon_0}\geqslant 1\end{cases} \tag{4.6}$$

4.4.2　抗压强度

轴心抗压强度是砌体最基本的力学性能之一,主要受块体抗压强度和砂浆抗压强度的影响。同时,块体与砌筑浆体之间的变形协调对砌体抗压强度有一定的影响。

1. 影响因素

依据《砌体基本力学性能试验方法标准》,碱激发矿渣陶粒混凝土砌块砌体单个试件的抗压强度按下式计算:

$$f_{m,i} = \frac{N}{bl} \tag{4.7}$$

式中　$f_{m,i}$—— 单个试件的抗压强度，MPa；

N—— 单个试件的抗压破坏荷载，N；

b—— 单个试件的平均宽度，mm；

l—— 单个试件的平均厚度，mm。

碱激发矿渣陶粒混凝土砌体的抗压强度平均值 f_m 取每组 6 个试件抗压强度的平均值。砌体的轴心抗压试验结果见表4.12 和表4.13，其抗压强度如图4.20、图 4.21 所示。

表 4.12　碱激发矿渣陶粒混凝土空心砌块砌体的轴心抗压强度试验结果

编号	f_1/MPa	f_2/MPa	f_m/MPa	δ
W7.5 - 20	8.06	21.90	4.43	0.19
W10 - 20	10.84	21.90	7.19	0.10
W10 - 25	10.84	28.93	5.90	0.18
W15 - 20	16.10	21.90	9.21	0.17
W15 - 25	16.10	28.93	8.64	0.17
W15 - 35	16.10	35.07	7.51	0.20
W20 - 20	20.39	21.90	10.00	0.14
W20 - 25	20.39	28.93	9.44	0.12
W20 - 35	20.39	35.07	8.40	0.11
W20 - 60	20.39	60.74	6.09	0.05

注：表中 f_1 为碱激发矿渣陶粒混凝土空心砌块的抗压强度；f_2 为碱激发矿渣陶砂砂浆折算后的抗压强度；f_m 为砌体抗压强度平均值；δ 为变异系数。

表 4.13　碱激发矿渣陶粒混凝土实心砖砌体的轴心抗压强度试验结果

编号	f_1/MPa	f_2/MPa	f_m/MPa	δ
W25 - 15	25.7	18.1	5.45	0.19
W25 - 20	25.7	20.9	5.69	0.28
W25 - 25	25.7	26.6	9.10	0.23
W25 - 30	25.7	31.7	8.34	0.27
W25 - 45	25.7	47.8	6.27	0.11

续表4.13

编号	f_1/MPa	f_2/MPa	f_m/MPa	δ
W30 - 15	32.9	18.1	7.23	0.17
W30 - 20	32.9	20.9	8.71	0.23
W30 - 25	32.9	26.6	9.32	0.15
W30 - 30	32.9	31.7	14.85	0.21
W30 - 45	32.9	47.8	13.11	0.19
W30 - 60	32.9	61.4	12.29	0.13

注:表中f_1 为碱激发矿渣陶粒混凝土实心砖的抗压强度;f_2 为碱激发矿渣陶砂砂浆折算后的抗压强度;f_m 为砌体抗压强度平均值;δ 为变异系数。

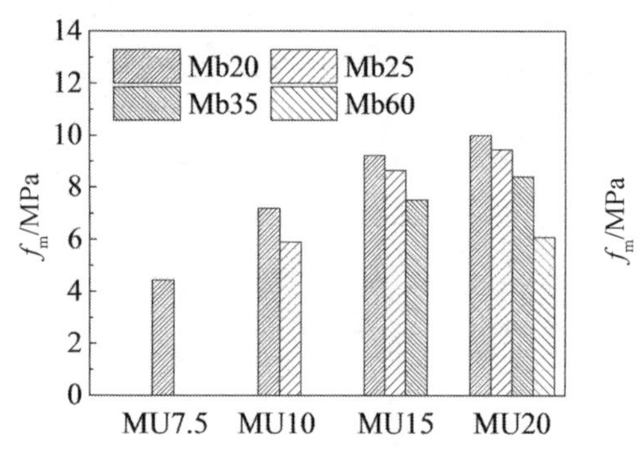

图 4.20 碱激发矿渣陶粒混凝土空心砌块砌体的抗压强度

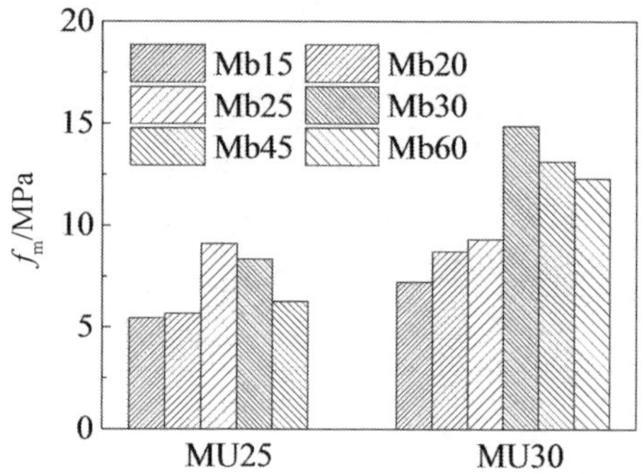

图 4.21 碱激发矿渣陶粒混凝土实心砖砌体的抗压强度

由图4.20可知,当碱激发矿渣陶砂砂浆的抗压强度一定时,碱激发矿渣陶粒混凝土空心砌块砌体的抗压强度随着砌块抗压强度的提高而增大;当碱激发矿渣陶粒混凝土空心砌块的抗压强度一定时,砌体的抗压强度却随着砌筑砂浆抗压强度的提高而减小。当碱激发矿渣陶粒混凝土空心砌块的抗压强度为20.39 MPa,砌筑砂浆的抗压强度从21.90 MPa提高到60.74 MPa时,砌体抗压强度分别降低了约5.6% 和39.1%。这可能是由碱激发矿渣陶砂砂浆收缩较大引起的,收缩引起硬化的砂浆层开裂,致使其沿试件长度方向不连续,对砌体的约束作用降低,进而使砌体的抗压强度降低;同时由于砂浆的收缩,砌块部分处于受拉的状态,承载力受到削弱。另外,砌块表面凹凸不平使砂浆不能均匀地与砌块接触,灰缝不饱满,导致在砌体受压的过程中,砂浆的实际强度高于砌块的实际强度,出现应力集中现象,应力集中处的空心砌块先被压坏,影响砌体的抗压强度。当碱激发矿渣陶砂砂浆的抗压强度为 21.90 MPa,砌块的抗压强度从 8.06 MPa 增加到 20.39 MPa 时,砌体的抗压强度分别约提高了 62.3% 和 125.7% 。由于砌块的弹性模量比砂浆的弹性模量大,当砌体承受轴向压力时,砂浆的横向变形大于砌块的横向变形,导致砌块处于拉、压的应力状态,而砂浆处于受压的应力状态。在砂浆强度一定时,随着砌块抗压强度的提高,砌块的弹性模量变大,其横向变形变小,砌块和砂浆之间的变形相差更大,导致砌块所受的拉力作用更大,砌块的应力状态更复杂,砌块强度折减更多。在砌体受压的过程中,砂浆的实际强度高于砌块的实际强度,出现应力集中现象,应力集中处的空心砌块先被压坏,影响砌体的抗压强度。

由图4.21 可知,当碱激发矿渣陶砂砂浆的抗压强度相同,碱激发矿渣陶粒混凝土实心砖的抗压强度从 25.7 MPa 提高到 32.9 MPa 时,砌体的抗压强度均增大。当碱激发矿渣陶粒混凝土实心砖的抗压强度相同时,砌体的抗压强度随着碱激发矿渣陶砂砂浆抗压强度的增大而呈先增大后减小的规律。同时发现,当实心砖的抗压强度与砌筑砂浆的抗压强度相当时,实心砖砌体的抗压强度最大。当碱激发矿渣陶粒混凝土实心砖选用 MU30 时,砌筑砂浆为 Mb20、Mb25、Mb30、Mb45 和 Mb60 的砌体抗压强度分别约是砌筑砂浆为 Mb15 时的 1.20 倍、1.29 倍、2.05 倍、1.81 倍和 1.70 倍。这是由于当砂浆的抗压强度与实心砖的抗压强度相近时,砂浆与实心砖的变形相协调,实心砖均匀受力,从而砌体强度提高;当砌筑砂浆的抗压强度大于实心砖的抗压强度时,砂浆收缩大,灰缝对实心砖的约束小,实心砖局部受压,其承载力下降。

2. 轴心抗压强度平均值的计算公式

依据《砌体结构设计规范》(GB 50003—2011),混凝土砌体的轴心抗压强度平均值按下式计算:

$$f_m = k_1 f_1^{\alpha}(1 + 0.07 f_2) k_2 \tag{4.8}$$

式中　f_1—— 砌块的抗压强度,MPa;

f_2—— 砌筑砂浆的抗压强度,MPa;

k_1—— 与块材类别有关的系数,对于混凝土空心砌块,$k_1 = 0.46$;对于混凝土普通砖，$k_1 = 0.78$；

α—— 与块材高度有关的系数，对于混凝土空心砌块，$\alpha = 0.9$；对于混凝土普通砖，$\alpha = 0.5$；

k_2—— 砂浆强度影响修正系数，当 $f_2 > 10$ MPa 时，$k_2 = 1.1 - 0.01f_2$；当混凝土砌块的强度等级为MU20时，砌体抗压强度乘以系数0.95，且满足 $f_1 \geqslant f_2, f_1 \leqslant 20$ MPa。

在我国砌体规范公式的基础上，通过引入碱激发矿渣陶砂砂浆的特性系数，调整砂浆强度影响修正系数，基于试验数据拟合得到碱激发矿渣陶粒混凝土砌体的轴心抗压强度计算公式：

$$f_m = \alpha_1 k_1 f_1^{\alpha}(1 + \beta f_2) k_2 \tag{4.9}$$

式中 f_1—— 碱激发矿渣陶粒混凝土块体的抗压强度，MPa；

f_2—— 碱激发矿渣陶砂砂浆的抗压强度，MPa；

α_1—— 碱激发矿渣陶砂砂浆的特性系数，$\alpha_1 = 1.15$；

k_1—— 与块材类别有关的系数，由于碱激发矿渣陶粒混凝土空心砌块的空洞率与普通混凝土空心砌块基本相当，且碱激发矿渣陶粒混凝土空心砌块和实心砖尺寸与普通混凝土空心砌块和实心砖相同，因此，对于碱激发矿渣陶粒混凝土空心砌块，$k_1 = 0.46$；对于碱激发矿渣陶粒混凝土实心砖，$k_1 = 0.78$；

α—— 与块材高厚比有关的系数，由于碱激发矿渣陶粒混凝土空心砌块和实心砖的高厚比与普通混凝土空心砌块和实心砖基本持平，因此，对于碱激发矿渣陶粒混凝土空心砌块，$\alpha = 0.9$，对于碱激发矿渣陶粒混凝土实心砖，$\alpha = 0.5$；

β—— 与块体类型有关的系数，对于碱激发矿渣陶粒混凝土空心砌块，$\beta = 0.04$，对于碱激发矿渣陶粒混凝土实心砖，$\beta = 0.07$；

k_2—— 砂浆强度影响修正系数，对于碱激发矿渣陶粒混凝土空心砌块，当 $f_2 > f_1$ 且 20 MPa $\leqslant f_2 \leqslant$ 35 MPa 时，k_2 取 $1.2 - 0.02f_2$，当 $f_2 > f_1$ 且 35 MPa $< f_2 \leqslant$ 60 MPa 时，k_2 取 $1.15 - 0.015f_2$，对于采用MU20砌块的砌体，抗压强度应乘以折减系数0.88，对于碱激发矿渣陶粒混凝土实心砖，当 $f_2 \leqslant f_1$ 时，$k_2 = 0.68$，当 $f_2 > f_1$ 时，$k_2 =$

$1.38-0.015f_2$，对于采用 MU25 实心砖的砌体，砌体抗压强度应乘以折减系数 0.85，对于采用 MU30 实心砖的砌体，砌体抗压强度应乘以折减系数 0.80。

综上所述，碱激发矿渣陶粒混凝土砌体抗压强度平均值的计算公式系数取值见表 4.14。

表 4.14　碱激发矿渣陶粒混凝土砌体抗压强度平均值的计算公式系数取值

砌体种类	$f_m=\alpha_1 k_1 f_1^{\alpha}(1+\beta f_2)k_2$				
	α_1	k_1	α	β	k_2
碱激发矿渣陶粒混凝土空心砌块砌体	1.15	0.46	0.9	0.04	当 $f_2>f_1$ 且 $20\ \text{MPa}\leqslant f_2\leqslant 35\ \text{MPa}$ 时，k_2 取 $1.2-0.02f_2$；当 $f_2>f_1$ 且 $35\ \text{MPa}<f_2\leqslant 60\ \text{MPa}$ 时，k_2 取 $1.15-0.015f_2$
碱激发矿渣陶粒混凝土实心砖砌体	1.15	0.78	0.5	0.07	当 $f_2\leqslant f_1$ 时，$k_2=0.68$；当 $f_2>f_1$ 时，$k_2=1.38-0.015f_2$

注：碱激发矿渣陶粒混凝土砌块砌体抗压强度平均值，对于采用 MU20 砌块的砌体应乘以系数 0.88；MU25 实心砖的砌体应乘以系数 0.85；MU30 实心砖的砌体应乘以系数 0.80。

将砌体轴心抗压强度实测值、拟合公式计算值和规范公式计算值进行对比分析，见表 4.15 和表 4.16。

表 4.15　空心砌块砌体的轴心抗压强度实测值、拟合公式计算值和规范公式计算值对比

编号	f_1/MPa	f_2/MPa	f_m^t/MPa	f_m^c/MPa	f_m^c/f_m^t	f_m^g/MPa
W7.5 - 20	8.06	21.90	4.43	4.95	1.117	6.72
W10 - 20	10.84	21.90	7.19	6.46	0.898	8.77
W10 - 25	10.84	28.93	5.90	6.06	1.027	9.64
W15 - 20	16.10	21.90	9.21	9.22	1.001	12.52
W15 - 25	16.10	28.93	8.64	8.65	1.001	13.76
W15 - 35	16.10	35.07	7.51	7.73	1.029	14.52
W20 - 20	20.39	21.90	10.00	10.04	1.004	14.71
W20 - 25	20.39	28.93	9.44	9.41	0.997	16.16

续表4.15

编号	f_1/MPa	f_2/MPa	f_m^t/MPa	f_m^c/MPa	f_m^c/f_m^t	f_m^g/MPa
W20 - 35	20.39	35.07	8.40	8.41	1.001	17.06
W20 - 60	20.39	60.74	6.09	5.75	0.945	17.05

注:表中f_1 为碱激发矿渣陶粒混凝土空心砌块的抗压强度;f_2 为碱激发矿渣陶砂砂浆折算后的抗压强度;f_m^t 为砌体的抗压强度实测平均值;f_m^c 为基于式(4.9)的砌体抗压强度计算值;f_m^g 为基于式(4.8)的砌体抗压强度计算值。

表4.16　实心砖砌体的轴心抗压强度实测值、拟合公式计算值和规范公式计算值对比

编号	f_1/MPa	f_2/MPa	f_m^t/MPa	f_m^c/MPa	f_m^c/f_m^t	f_m^g/MPa
W25 - 15	25.7	18.1	5.45	5.96	1.09	8.96
W25 - 20	25.7	20.9	5.69	6.47	1.14	9.74
W25 - 25	25.7	26.6	9.10	10.85	1.19	11.32
W25 - 30	25.7	31.7	8.34	11.25	1.35	12.73
W25 - 45	25.7	47.8	6.27	11.14	1.78	17.19
W30 - 15	32.9	18.1	7.23	6.35	0.88	10.14
W30 - 20	32.9	20.9	8.71	6.89	0.79	11.02
W30 - 25	32.9	26.6	9.32	8.01	0.86	12.80
W30 - 30	32.9	31.7	14.85	11.98	0.81	14.40
W30 - 45	32.9	47.8	13.11	11.86	0.90	19.44
W30 - 60	32.9	61.4	12.29	10.01	0.81	23.70

注:表中f_1 为碱激发矿渣陶粒混凝土实心砖的抗压强度;f_2 为碱激发矿渣陶砂砂浆折算后的抗压强度;f_m^t 为砌体的抗压强度实测平均值;f_m^c 为基于式(4.9)的砌体抗压强度计算值;f_m^g 为基于式(4.8)的砌体抗压强度计算值。

由表4.15和表4.16可知,空心砌块砌体的f_m^c/f_m^t 的平均值为1.002,标准差为0.056,变异系数为0.056;实心砖砌体的f_m^c/f_m^t 的平均值为1.055,标准差为0.303,变异系数为0.287。这说明用式(4.9)预估碱激发矿渣陶粒混凝土砌体的抗压强度比较准确。用碱激发矿渣陶砂砂浆砌筑的碱激发矿渣陶粒混凝土砌体的轴心抗压强度试验值普遍低于按我国规范公式计算的预估值,这主要是由于碱激发矿渣陶砂砂浆的收缩大,水平灰缝对块体的约束能力相对较弱。

4.4.3　峰值压应变

峰值压应变是砌体抗压试件的峰值应力对应的应变,是砌体基本力学性能的重要参数,与其本构关系联系紧密。碱激发矿渣陶粒混凝土砌体的轴心抗压峰值应变见表4.17和表4.18。由表4.17和表4.18可以看出,碱激发矿渣陶粒混凝土砌体的峰值压应变主要分布在0.000 74 ~ 0.001 35(空心砌块砌体)和0.000 78 ~ 0.002 01(实心砖砌体)。同时还发现,当块体抗压强度相同时,随着砂浆抗压强度的提高,砌体峰值压应变减小。以碱激发矿渣陶粒混凝土块体抗压强度与砌体抗压强度之比f_1/f_m和碱激发矿渣陶砂砂浆抗压强度与砌体抗压强度之比f_2/f_m为横坐标,以碱激发矿渣陶粒混凝土砌体的峰值压应变$\varepsilon_{0,m}$为纵坐标,建立直角坐标系。结合图4.22,拟合得到下列砌体峰值压应变的计算公式:

空心砌块砌体:

$$\varepsilon_{0,m} = \left[1.5 - 0.036\left(\frac{f_1}{f_m}\right)^{2.25} - 0.13\left(\frac{f_2}{f_m}\right)^{0.19}\right] \times 10^{-3} \tag{4.10}$$

实心砖砌体:

$$\varepsilon_{0,m} = \left[144.9\left(\frac{f_1}{f_m}\right)^{0.006} - 143.3\left(\frac{f_2}{f_m}\right)^{0.007}\right] \times 10^{-3} \tag{4.11}$$

表4.17　碱激发矿渣陶粒混凝土空心砌块砌体的轴心抗压峰值应变

编号	$\sigma_{0,m}$/MPa	$\varepsilon_{0,m}$/($\times 10^{-3}$)	编号	$\sigma_{0,m}$/MPa	$\varepsilon_{0,m}$/($\times 10^{-3}$)
W7.5 - 20	4.43	1.20	W15 - 35	7.51	1.12
W10 - 20	7.19	1.17	W20 - 20	10.00	1.08
W10 - 25	5.90	1.12	W20 - 25	9.44	1.03
W15 - 20	9.21	1.35	W20 - 35	8.40	1.10
W15 - 25	8.64	1.16	W20 - 60	6.09	0.74

注:表中$\sigma_{0,m}$为碱激发矿渣陶粒混凝土空心砌块砌体的平均峰值应力;$\varepsilon_{0,m}$为其平均峰值压应变。

表4.18　碱激发矿渣陶粒混凝土实心砖砌体的轴心抗压峰值应变

编号	$\sigma_{0,m}$/MPa	$\varepsilon_{0,m}$/($\times 10^{-3}$)	编号	$\sigma_{0,m}$/MPa	$\varepsilon_{0,m}$/($\times 10^{-3}$)
W25 - 15	5.45	1.64	W30 - 15	7.23	1.69

续表4.18

编号	$\sigma_{0,m}$/MPa	$\varepsilon_{0,m}/(\times 10^{-3})$	编号	$\sigma_{0,m}$/MPa	$\varepsilon_{0,m}/(\times 10^{-3})$
W25 - 20	5.69	1.49	W30 - 20	8.71	2.01
W25 - 25	9.10	1.17	W30 - 25	9.32	1.98
W25 - 30	8.34	0.92	W30 - 30	14.85	1.46
W25 - 45	6.27	0.78	W30 - 45	13.11	1.33
—	—	—	W30 - 60	12.29	1.06

注：表中 $\sigma_{0,m}$ 为碱激发矿渣陶粒混凝土实心砖砌体的平均峰值应力；$\varepsilon_{0,m}$ 为其平均峰值压应变。

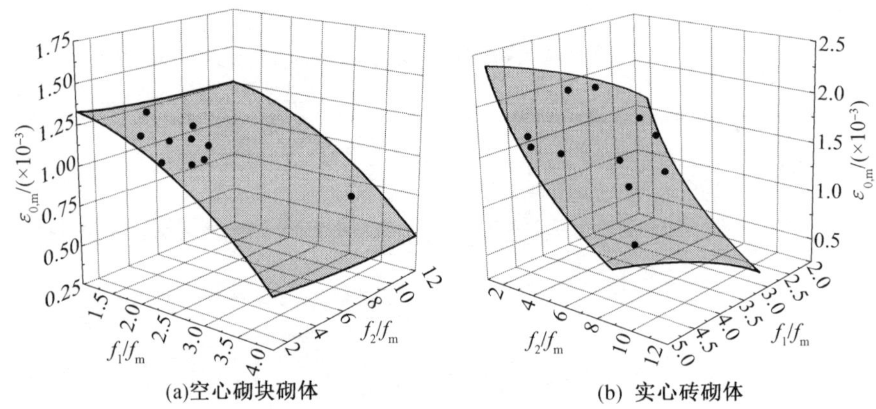

图 4.22　峰值压应变与块体、砌筑砂浆和砌体抗压强度之间的关系

将砌体轴心抗压峰值应变实测平均值与其拟合公式计算值对比分析，见表4.19和表4.20。

表 4.19　碱激发矿渣陶粒混凝土空心砌块砌体的轴心抗压峰值压应变实测值与拟合值的对比

编号	$\varepsilon^{t}_{0,m}/(\times 10^{-3})$	$\varepsilon^{c}_{0,m}/(\times 10^{-3})$	$\varepsilon^{c}_{0,m}/\varepsilon^{t}_{0,m}$	编号	$\varepsilon^{t}_{0,m}/(\times 10^{-3})$	$\varepsilon^{c}_{0,m}/(\times 10^{-3})$	$\varepsilon^{c}_{0,m}/\varepsilon^{t}_{0,m}$
W7.5 - 20	1.20	1.19	1.012	W15 - 35	1.12	1.13	0.995
W10 - 20	1.17	1.25	0.937	W20 - 20	1.08	1.17	0.923
W10 - 25	1.12	1.18	0.947	W20 - 25	1.03	1.14	0.907
W15 - 20	1.35	1.22	1.106	W20 - 35	1.10	1.06	1.033
W15 - 25	1.16	1.19	0.974	W20 - 60	0.74	0.75	0.983

注：表中 $\varepsilon^{t}_{0,m}$ 为碱激发矿渣陶粒混凝土空心砌块砌体的实测平均峰值压应变；$\varepsilon^{c}_{0,m}$ 为基于式(4.10)计算的平均峰值压应变。

表4.20　碱激发矿渣陶粒混凝土实心砖砌体的轴心抗压峰值压应变实测值与拟合值的对比

编号	$\varepsilon_{0,m}^{t}$/(×10^{-3})	$\varepsilon_{0,m}^{c}$/(×10^{-3})	$\varepsilon_{0,m}^{c}/\varepsilon_{0,m}^{t}$	编号	$\varepsilon_{0,m}^{t}$/(×10^{-3})	$\varepsilon_{0,m}^{c}$/(×10^{-3})	$\varepsilon_{0,m}^{c}/\varepsilon_{0,m}^{t}$
W25－15	1.64	1.75	1.06	W30－15	1.69	2.00	1.18
W25－20	1.49	1.61	1.08	W30－20	2.01	1.88	0.94
W25－25	1.17	1.43	1.22	W30－25	1.98	1.64	0.83
W25－30	0.92	1.24	1.34	W30－30	1.46	1.53	1.05
W25－45	0.78	0.78	1.00	W30－45	1.33	1.10	0.83
—	—	—	—	W30－60	1.06	0.84	0.79

注：表中 $\varepsilon_{0,m}^{t}$ 为碱激发矿渣陶粒混凝土实心砖砌体的实测平均峰值压应变；$\varepsilon_{0,m}^{c}$ 为基于式(4.11)计算的平均峰值压应变。

由表4.19和表4.20可知，碱激发矿渣陶粒混凝土空心砌块砌体的 $\varepsilon_{0,m}^{c}/\varepsilon_{0,m}^{t}$ 的平均值为0.982，标准差为0.059，变异系数为0.060；碱激发矿渣陶粒混凝土实心砖砌体的 $\varepsilon_{0,m}^{c}/\varepsilon_{0,m}^{t}$ 的平均值为1.03，标准差为0.176，变异系数为0.171。这说明碱激发矿渣陶粒混凝土空心砌块砌体和实心砖砌体的峰值应变拟合公式与试验值吻合良好。用碱激发矿渣陶砂砂浆砌筑的碱激发矿渣陶粒混凝土空心砌块砌体的峰值压应变小于普通混凝土空心砌块砌体的峰值压应变。这是因为当砌体抗压强度一定时，碱激发矿渣陶砂砂浆的强度高、收缩率大，砂浆层开裂，导致灰缝对砌块的约束作用降低；块体收缩表面出现微裂缝，导致砌体受压时，初裂缝的发展较快。

4.4.4　极限压应变

本节采用峰值应力的50%对应的应变作为碱激发矿渣陶粒混凝土砌体的极限压应变。根据4.4.1节中提出的受压应力－应变关系曲线下降段方程，推导出对应于0.5倍峰值应力的应变，则用碱激发矿渣陶砂砂浆砌筑的碱激发矿渣陶粒混凝土砌体的极限压应变的建议计算公式为

空心砌块砌体：
$$\varepsilon_{u,50}=1.716\varepsilon_{0,m} \tag{4.12}$$

实心砖砌体：
$$\varepsilon_{u,50}=2.942\varepsilon_{0,m} \tag{4.13}$$

碱激发矿渣陶粒混凝土砌体的极限压应变实测值与拟合值见表4.21和表4.22。由表4.21可知，空心砌块砌体的 $\varepsilon_{u,50}^{c}/\varepsilon_{u,50}^{t}$ 的平均值为1.043，标准差为

0.110,变异系数为0.105;由表4.22可知,实心砖砌体的$\varepsilon_{u,50}^{c}/\varepsilon_{u,50}^{t}$的平均值约为1.014,标准差为0.316,变异系数为0.311。这说明可用式(4.12)和式(4.13)预估碱激发矿渣陶粒混凝土砌体的极限压应变。

表4.21 碱激发矿渣陶粒混凝土空心砌块砌体的极限压应变的实测值与拟合值

编号	$\varepsilon_{0,m}^{t}/(\times 10^{-3})$	$\varepsilon_{u,50}^{t}/(\times 10^{-3})$	$\varepsilon_{u,50}^{c}/(\times 10^{-3})$	$\varepsilon_{u,50}^{c}/\varepsilon_{u,50}^{t}$
W7.5 - 20	1.20	2.60	2.06	0.792
W10 - 20	1.17	1.91	2.01	1.051
W10 - 25	1.12	1.97	1.92	0.976
W15 - 20	1.35	2.11	2.32	1.098
W15 - 25	1.16	1.73	1.99	1.151
W15 - 35	1.12	1.73	1.92	1.111
W20 - 20	1.08	1.65	1.85	1.123
W20 - 25	1.03	1.67	1.77	1.058
W20 - 35	1.10	1.69	1.89	1.117
W20 - 60	0.74	1.34	1.27	0.948

注:表中$\varepsilon_{0,m}^{t}$为碱激发矿渣陶粒混凝土空心砌块砌体的实测平均峰值压应变;$\varepsilon_{u,50}^{t}$为砌体的实测平均极限压应变;$\varepsilon_{u,50}^{c}$为基于式(4.12)计算的平均极限压应变。

表4.22 碱激发矿渣陶粒混凝土实心砖砌体的极限压应变的实测值与拟合值

编号	$\varepsilon_{0,m}^{t}/(\times 10^{-3})$	$\varepsilon_{u,50}^{t}/(\times 10^{-3})$	$\varepsilon_{u,50}^{c}/(\times 10^{-3})$	$\varepsilon_{u,50}^{c}/\varepsilon_{u,50}^{t}$
W25 - 15	1.64	3.73	4.82	1.294
W25 - 20	1.49	4.85	4.38	0.904
W25 - 25	1.17	4.33	3.44	0.795
W25 - 30	0.92	4.59	2.71	0.590
W25 - 45	0.78	4.15	2.29	0.553
W30 - 15	1.69	3.08	4.97	1.614
W30 - 20	2.01	5.81	5.91	1.018
W30 - 25	1.98	6.13	5.83	0.950
W30 - 30	1.46	3.52	4.30	1.220
W30 - 45	1.33	4.04	3.91	0.969
W30 - 60	1.06	2.49	3.12	1.252

注:表中$\varepsilon_{0,m}^{t}$为碱激发矿渣陶粒混凝土实心砖砌体的实测平均峰值压应变;$\varepsilon_{u,50}^{t}$为砌体的实测平均极限压应变;$\varepsilon_{u,50}^{c}$为基于式(4.13)计算的平均极限压应变。

4.4.5　弹性模量

弹性模量是砌体结构变形性能计算的重要参数，是衡量砌体抵抗变形能力大小的尺度。依据《砌体基本力学性能试验方法标准》，在砌体受压应力 - 应变关系曲线上，取上升段应力 σ 为 $0.4f_m$ 时的割线模量作为砌体的弹性模量。根据应力 - 应变关系公式，推导出碱激发矿渣陶粒混凝土砌体的弹性模量计算公式为

空心砌块砌体：
$$E = \frac{0.4f_m}{\varepsilon_{0.4}} = 1\ 152f_m \tag{4.14}$$

实心砖砌体：
$$E = \frac{0.4f_m}{\varepsilon_{0.4}} = 1\ 098f_m \tag{4.15}$$

在使用式(4.14) 和式(4.15) 计算时，空心砌块砌体的峰值压应变近似取 1.1×10^{-3}，实心砖砌体的峰值压应变近似取 1.54×10^{-3}。

而根据《砌体结构设计规范》，普通混凝土砌体的弹性模量计算公式为

非灌孔混凝土砌块砌体：
$$E^g = 1\ 700f = \frac{1\ 700f_m(1-1.645\delta)}{\gamma} = 765f_m \tag{4.16}$$

混凝土普通砖砌体：
$$E^g = 1\ 600f = \frac{1\ 600f_m(1-1.645\delta)}{\gamma} = 720f_m \tag{4.17}$$

式中　f—— 砌体的抗压强度设计值，MPa；

γ—— 砌体材料性能分项系数，取 1.6；

δ—— 砌体抗压强度的变异系数，取 0.17。

碱激发矿渣陶粒混凝土砌体的弹性模量实测值、拟合值和规范值对比见表 4.23 和表 4.24。

由表 4.23 和表 4.24 可知，碱激发矿渣陶粒混凝土空心砌块砌体和实心砖砌体的弹性模量均高于规范公式计算的普通混凝土砌体的弹性模量，这主要是由于当砌体抗压强度一定时，其相应的碱激发矿渣陶砂砂浆和碱激发矿渣陶粒混凝土块体的强度高，弹性模量大，导致砌体的弹性模量大。由表 4.23 可知，碱激发矿渣陶粒混凝土空心砌块砌体的 E_m^c/E_m^t 的平均值约为 1.041，标准差为0.166，

变异系数为0.160;由表4.24可知,碱激发矿渣陶粒混凝土实心砖砌体的 E_m^c/E_m^t 的平均值约为1.138,标准差为0.276,变异系数为0.242。这说明式(4.14)和式(4.15)的计算值分别与碱激发矿渣陶粒混凝土空心砌块砌体和实心砖砌体的弹性模量试验值吻合良好。

表4.23　碱激发矿渣陶粒混凝土空心砌块砌体的弹性模量实测值、拟合值和规范值对比

编号	E_m^t/MPa	E_m^c/MPa	E_m^c/E_m^t	E_m^g/MPa
W7.5 - 20	4 517	5 101	1.129	3 348
W10 - 20	9 188	8 279	0.901	5 431
W10 - 25	6 688	6 794	1.016	4 459
W15 - 20	8 782	10 604	1.207	6 960
W15 - 25	8 386	9 956	1.187	6 534
W15 - 35	8 883	8 650	0.974	4 678
W20 - 20	9 282	11 514	1.240	7 557
W20 - 25	11 149	10 877	0.976	7 139
W20 - 35	8 933	9 674	1.083	6 350
W20 - 60	10 134	7 012	0.692	4 603

注:表中 E_m^t 为碱激发矿渣陶粒混凝土空心砌块砌体的实测弹性模量;E_m^c 为基于式(4.14)计算的砌体弹性模量;E_m^g 为基于式(4.16)计算的砌体弹性模量。

表4.24　碱激发矿渣陶粒混凝土实心砖砌体的弹性模量实测值、拟合值和规范值对比

编号	E_m^t/MPa	E_m^c/MPa	E_m^c/E_m^t	E_m^g/MPa
W25 - 15	3 867	5 984	1.547	3 924
W25 - 20	7 722	6 248	0.809	4 097
W25 - 25	12 046	9 992	0.829	6 552
W25 - 30	11 483	9 157	0.797	6 005
W25 - 45	4 643	6 884	1.483	4 514
W30 - 15	8 814	7 939	0.901	5 206
W30 - 20	7 522	9 564	1.271	6 271
W30 - 25	7 457	10 233	1.372	6 710
W30 - 30	13 539	16 305	1.204	10 692
W30 - 45	11 476	14 395	1.254	9 439
W30 - 60	12 895	13 494	1.046	8 849

注:表中 E_m^t 为碱激发矿渣陶粒混凝土实心砖砌体的实测弹性模量;E_m^c 为基于式(4.15)计算的砌体弹性模量;E_m^g 为基于式(4.17)计算的砌体弹性模量。

4.4.6　泊松比

根据《砌体基本力学性能试验方法标准》,砌体的泊松比为 $\sigma = 0.4f_m$ 时的泊松比,即

$$\nu = \frac{\varepsilon_{tr}}{\varepsilon} \tag{4.18}$$

式中　ε_{tr}—— 砌体的横向应变;

ε—— 砌体的轴向应变。

碱激发矿渣陶粒混凝土砌体的泊松比见表4.25 和表4.26。由表4.25 可知,碱激发矿渣陶粒混凝土空心砌块砌体的泊松比主要集中在0.15 ~0.30。普通混凝土砌块砌体的泊松比取0.3,因此这种新型砌体的泊松比与传统砌体的泊松比相当。由表4.26 可知,碱激发矿渣陶粒混凝土实心砖砌体的泊松比主要集中在0.1 ~0.3,混凝土普通砖砌体的泊松比取0.15,由此可见,这种新型实心砖砌体的泊松比与普通砖砌体的泊松比相当。

表 4.25　碱激发矿渣陶粒混凝土空心砌块砌体的泊松比

编号	泊松比 ν	编号	泊松比 ν
W7.5 - 20	0.188	W15 - 35	0.174
W10 - 20	0.289	W20 - 20	0.178
W10 - 25	0.241	W20 - 25	0.175
W15 - 20	0.239	W20 - 35	0.162
W15 - 25	0.270	W20 - 60	0.221

表 4.26　碱激发矿渣陶粒混凝土实心砖砌体的泊松比

编号	泊松比 ν	编号	泊松比 ν
W25 - 15	0.12	W30 - 15	0.22
W25 - 20	0.17	W30 - 20	0.23
W25 - 25	0.21	W30 - 25	0.21
W25 - 30	0.14	W30 - 30	0.27
W25 - 45	0.16	W30 - 45	0.25
—	—	W30 - 60	0.23

4.5　砌体的抗压强度设计值

4.5.1　碱激发矿渣陶粒混凝土实心砖砌体

根据《砌体结构设计规范》，混凝土普通砖砌体的抗压强度设计值见表4.27。

表4.27　混凝土普通砖砌体的抗压强度设计值　MPa

砖强度等级	砂浆强度等级				
	Mb20	Mb15	Mb10	Mb7.5	Mb5
MU30	4.61	3.94	3.27	2.93	2.59
MU25	4.21	3.60	2.98	2.68	2.37
MU20	3.77	3.22	2.67	2.39	2.12
MU15	—	2.79	2.31	2.07	1.83

混凝土普通砖砌体的抗压强度预估值按式(4.19)计算，其中砌筑砂浆和混凝土普通砖的抗压强度分别见表4.28和表4.29，混凝土普通砖砌体的抗压强度预估值见表4.30。

$$f_m = 0.78f_1^{0.5}(1 + 0.07f_2)k_2 \tag{4.19}$$

式中　f_m——混凝土普通砖砌体的抗压强度预估值；

f_1——混凝土普通砖的抗压强度平均值；

f_2——砌筑砂浆的抗压强度平均值；

k_2——砂浆强度影响的修正系数，当$f_2 < 1$时，$k_2 = 0.6 + 0.4f_2$；当$f_2 \geqslant 1$时，$k_2 = 1$。

表4.28　砌筑砂浆的抗压强度　MPa

砂浆强度等级	Mb5	Mb7.5	Mb10	Mb15	Mb20
抗压强度(≥)	5	7.5	10	15	20

注：砌筑砂浆的尺寸为70.7 mm × 70.7 mm × 70.7 mm。

表 4.29　混凝土普通砖的抗压强度　MPa

砖强度等级	MU15	MU20	MU25	MU30
抗压强度(≥)	15	20	25	30

注:混凝土普通砖的尺寸为 240 mm × 115 mm × 53 mm。

表 4.30　混凝土普通砖砌体的抗压强度预估值　MPa

砖强度等级	砂浆强度等级				
	Mb20	Mb15	Mb10	Mb7.5	Mb5
MU30	10.25	8.76	7.26	6.52	5.77
MU25	9.36	8.00	6.63	5.95	5.27
MU20	8.37	7.15	5.93	5.32	4.71
MU15	—	6.19	5.14	4.61	4.08

如果碱激发矿渣陶粒混凝土实心砖砌体的抗压强度预估值按本章的相应公式计算,则其抗压强度预估值与设计值的比值与普通砌体的取值相同。混凝土普通砖砌体的抗压强度预估值与设计值的比值见表 4.31,取混凝土普通砖砌体的抗压强度预估值与设计值的比值为 2.23。因此,碱激发矿渣陶粒混凝土实心砖砌体的抗压强度设计值见表 4.32。

表 4.31　混凝土普通砖砌体的抗压强度预估值与设计值的比值

砖强度等级	砂浆强度等级				
	Mb20	Mb15	Mb10	Mb7.5	Mb5
MU30	2.22	2.22	2.22	2.23	2.23
MU25	2.22	2.22	2.22	2.22	2.22
MU20	2.22	2.22	2.22	2.23	2.22
MU15	—	2.22	2.23	2.23	2.23

表 4.32　碱激发矿渣陶粒混凝土实心砖砌体的抗压强度设计值　MPa

组号	f_1	f_2	砌体的抗压强度预估值	砌体的抗压强度设计值
W25 - 15	25.7	18.1	5.96	2.67
W25 - 20	25.7	20.9	6.47	2.90
W25 - 25	25.7	26.6	10.85	4.87
W25 - 30	25.7	31.7	11.25	5.04

续表4.32

组号	f_1	f_2	砌体的抗压强度预估值	砌体的抗压强度设计值
W25 - 45	25.7	47.8	11.14	5.00
W30 - 15	32.9	18.1	6.35	2.85
W30 - 20	32.9	20.9	6.89	3.09
W30 - 25	32.9	26.6	8.01	3.59
W30 - 30	32.9	31.7	11.98	5.37
W30 - 45	32.9	47.8	11.86	5.32
W30 - 60	32.9	61.4	10.01	4.49

注：① 组号“W25 - 15”中“W”代表墙体，第一个数字“25”代表碱激发矿渣陶粒混凝土实心砖的强度等级为MU25，第二个数字“15”代表碱激发矿渣陶砂砂浆的强度等级为Mb15，以此类推。

②f_1 为碱激发矿渣陶粒混凝土实心砖的抗压强度。

③f_2 为碱激发矿渣陶砂砂浆的抗压强度。

4.5.2 碱激发矿渣陶粒混凝土空心砌块砌体

根据《砌体结构设计规范》，混凝土空心砌块砌体的抗压强度设计值见表4.33。

表4.33 混凝土空心砌块砌体的抗压强度设计值 MPa

砌块强度等级	砂浆强度等级				
	Mb20	Mb15	Mb10	Mb7.5	Mb5
MU20	6.30	5.68	4.95	4.44	3.94
MU15	—	4.61	4.02	3.61	3.20
MU10	—	—	2.79	2.50	2.22
MU7.5	—	—	—	1.93	1.71
MU5	—	—	—	—	1.19

混凝土空心砌块砌体的抗压强度预估值按式(4.20)计算，其中砌筑砂浆和混凝土空心砌块的抗压强度分别见表4.28和表4.34，混凝土空心砌块砌体的抗压强度预估值见表4.35。

$$f_m = 0.46f_1^{0.9}(1 + 0.07f_2)k_2 \tag{4.20}$$

式中　f_m—— 混凝土空心砌块砌体的抗压强度预估值；

f_1—— 混凝土空心砌块的抗压强度平均值；

f_2—— 砌筑砂浆的抗压强度平均值；

k_2—— 砂浆强度影响的修正系数。

混凝土空心砌块砌体抗压强度预估值：当 $f_2 > 10$ MPa 时，应乘系数 $1.1 - 0.01f_2$，MU20 的砌体应乘系数 0.95，且满足 $f_1 \geq f_2$，$f_1 \leq 20$ MPa。

表 4.34　混凝土空心砌块的抗压强度　MPa

砌块强度等级	MU5	MU7.5	MU10	MU15	MU20	MU25	MU30
抗压强度(≥)	5	7.5	10	15	20	25	30

注：混凝土空心砌块的尺寸为 390 mm × 190 mm × 190 mm。

表 4.35　混凝土空心砌块砌体的抗压强度预估值　MPa

砌块强度等级	砂浆强度等级				
	Mb20	Mb15	Mb10	Mb7.5	Mb5
MU20	13.99	12.61	11.01	9.88	8.74
MU15	—	10.25	8.95	8.03	7.11
MU10	—	—	6.21	5.57	4.93
MU7.5	—	—	—	4.30	3.81
MU5	—	—	—	—	2.64

如果碱激发矿渣陶粒混凝土空心砌块砌体的抗压强度预估值按本章相应公式计算，其抗压强度预估值与设计值的比值与普通砌体的取值相同。混凝土空心砌块砌体的抗压强度预估值与设计值的比值见表 4.36，取混凝土空心砌块砌体的抗压强度预估值与设计值的比值为 2.23。因此，碱激发矿渣陶粒混凝土空心砌块砌体的抗压强度设计值见表 4.37。

表 4.36　混凝土空心砌块砌体的抗压强度预估值与设计值的比值

砌块强度等级	砂浆强度等级				
	Mb20	Mb15	Mb10	Mb7.5	Mb5
MU20	2.22	2.22	2.22	2.22	2.22
MU15	—	2.22	2.23	2.22	2.22
MU10	—	—	2.23	2.23	2.22

续表4.36

砌块强度等级	砂浆强度等级				
	Mb20	Mb15	Mb10	Mb7.5	Mb5
MU7.5	—	—	—	2.23	2.23
MU5	—	—	—	—	2.22

表4.37　碱激发矿渣陶粒混凝土空心砌块砌体的抗压强度设计值　MPa

组号	f_1	f_2	砌体抗压强度预估值	砌体抗压强度设计值
W7.5 - 20	8.06	21.9	4.95	2.22
W10 - 20	10.84	21.9	6.46	2.90
W10 - 25	10.84	28.93	6.06	2.72
W15 - 20	16.10	21.90	9.22	4.13
W15 - 25	16.10	28.93	8.65	3.88
W15 - 35	16.10	35.07	7.73	3.47
W20 - 20	20.39	21.90	10.04	4.50
W20 - 25	20.39	28.93	9.41	4.22
W20 - 35	20.39	35.07	8.41	3.77
W20 - 60	20.39	60.74	5.75	2.58

注：①组号“W7.5 - 20”中“W”代表墙体，第一个数字“7.5”代表碱激发矿渣陶粒混凝土空心砌块的强度等级为MU7.5，第二个数字“20”代表碱激发矿渣陶砂砂浆的强度等级为Mb20。以此类推。

②f_1为碱激发矿渣陶粒混凝土空心砌块的抗压强度。

③f_2为碱激发矿渣陶砂砂浆的抗压强度。

4.6　本章小结

本章通过126个碱激发矿渣陶粒混凝土砌体试件的轴心抗压试验，其中有60个由强度等级为MU7.5、MU10、MU15、MU20的碱激发矿渣陶粒混凝土空心砌块和强度等级为Mb20、Mb25、Mb35、Mb60的碱激发矿渣陶砂砂浆砌筑的空心砌块砌体的轴心抗压试验以及66个由强度等级为MU25、MU30的碱激发矿渣陶粒混凝土实心砖砌体和强度等级为Mb15、Mb20、Mb25、Mb30、Mb45、Mb60的碱激发矿渣陶砂砂浆砌筑的实心砖砌体的轴心抗压试验，对砌体受压的破坏过程、受压应力 - 应变关系曲线及相关的基本力学性能参数进行了研究，主要结论如下：

（1）获得了碱激发矿渣陶粒混凝土砌体的受压应力 - 应变关系全曲线，提出了砌体受压应力 - 应变关系全曲线方程。其上升段曲线方程采用统一的抛物线形式，下降段曲线方程采用有理分式形式。

（2）当碱激发矿渣陶砂砂浆的抗压强度一定时，碱激发矿渣陶粒混凝土砌体的抗压强度随着砌块抗压强度的提高而增大；当块体抗压强度一定时，碱激发矿渣陶砂砂浆的抗压强度对砌体抗压强度的影响相对复杂。这是由于碱激发矿渣陶砂砂浆的收缩比水泥砂浆大，收缩造成砂浆对砌块的约束作用降低，同时砂浆强度高于块体强度，易造成应力集中现象。

（3）碱激发矿渣陶粒混凝土砌体的轴心抗压强度低于普通混凝土砌体。在我国规范中的抗压强度计算公式的基础上，通过引入碱激发矿渣陶砂砂浆的特性系数，调整砂浆强度影响修正系数，建立了以碱激发矿渣陶粒混凝土块体抗压强度和碱激发矿渣陶砂砂浆抗压强度为关键因素的这类新型砌体的轴心抗压强度计算公式。

（4）碱激发矿渣陶粒混凝土砌体的峰值压应变和极限压应变均低于普通混凝土砌体，分别建立了该新型砌体的峰值压应变和极限压应变的计算公式。碱激发矿渣陶粒混凝土空心砌块砌体的弹性模量高于普通混凝土空心砌块砌体，这是因为当砌体抗压强度一定时，相应的碱激发矿渣陶粒混凝土空心砌块强度和碱激发矿渣陶砂砂浆强度高，弹性模量大，导致砌体的弹性模量大。另外，建立了该新型砌体的弹性模量与砌体抗压强度的关系表达式。

第 5 章　碱激发矿渣陶粒混凝土空心砌块砌体的抗剪性能

5.1 概　述

通过第 2 章和第 3 章对两种不同体系激发剂激发矿渣净浆和砂浆工作性能、力学性能和干燥收缩性能的系统研究，获得了不同强度等级的碱激发矿渣净浆和碱激发矿渣陶砂砂浆的优化配比。用碱激发矿渣净浆砌筑砌体，其灰缝厚度较小(厚度为 4 ~ 7 mm)，小于砂浆砌筑灰缝厚度(9 ~ 11 mm)；用碱激发矿渣陶砂砂浆作砌筑浆体，陶砂的外形较为光圆，不像普通砂一样有鲜明的棱角；砌筑用碱激发矿渣净浆强度等级介于 Mb25 ~ Mb130，碱激发矿渣陶砂砂浆强度等级介于 Mb25 ~ Mb80，而常用水泥砂浆和混合砂浆强度等级介于 Mb5 ~ Mb20。因此，碱激发矿渣陶粒混凝土空心砌块砌体抗剪性能应具有其自身新的特点。

为考察碱激发矿渣陶粒混凝土空心砌块砌体的抗剪性能，用 Mb25、Mb35、Mb40、Mb45、Mb55、Mb130 这 6 种强度等级的碱激发矿渣净浆和 Mb25、Mb35、Mb40、Mb45、Mb55、Mb80 这 6 种强度等级的碱激发矿渣陶砂砂浆与强度等级为 MU15 的碱激发矿渣陶粒混凝土空心砌块砌筑成 108 个抗剪试件。基于抗剪试验结果，当碱激发矿渣净浆作为砌筑浆体时，考察了砌体抗剪强度与 Na_2O 含量和碱激发矿渣净浆抗压强度的关系；当碱激发矿渣陶砂砂浆作为砌筑浆体时，考察了砌体的抗剪强度与碱激发矿渣陶砂砂浆的抗压强度、水玻璃模数、Na_2O 含量、水灰比及砂灰比的关系。

5.2　试 验 方 案

5.2.1　砌筑浆体

1. 浆体的配合比

碱激发矿渣陶粒混凝土空心砌块砌体抗剪试验设计的砌筑浆体有碱激发矿渣净浆和碱激发矿渣陶砂砂浆两种，每种浆体均有 6 个强度等级，碱激发矿渣净浆的强度等级为 Mb25、Mb35、Mb40、Mb45、Mb55、Mb130，碱激发矿渣陶砂砂浆的强度等级为 Mb25、Mb35、Mb40、Mb45、Mb55、Mb80，具体配合比见表 5.1。

表 5.1　碱激发矿渣净浆和碱激发矿渣陶砂砂浆的砌筑浆体配合比　kg/m^3

砌筑浆体类别	强度等级	矿渣 Ⅰ	矿渣 Ⅱ	粉煤灰	陶砂	水玻璃Ⅱ	NaOH	Na_2CO_3	水
碱激发矿渣净浆	Mb25	—	1 359	—	—	669.1	79.5	—	73.7
	Mb35	—	1 359	—	—	0.0	64.9	16.3	508.5
	Mb40	—	1 359	—	—	0.0	97.3	24.4	501.3
	Mb45	—	1 070	267	—	493.7	96.6	—	174.5
	Mb55	—	1 359	—	—	376.4	73.7	—	263.8
	Mb130	1 372	—	—	—	506.8	99.2	—	179.2
碱激发矿渣陶砂砂浆	Mb25	—	513	—	1 069	—	24.5	6.1	220.3
	Mb35	—	213	213	1 063	197.7	33.9	—	112.3
	Mb40	—	253	253	1 053	186.6	36.5	—	93.8
	Mb45	—	447	—	1 119	165.2	32.3	—	107.7
	Mb55	—	236	236	982	219.3	37.6	—	124.6
	Mb80	449	—	—	1 122	165.8	32.4	—	108.0

注：① 表中水为自来水。

② 水玻璃 Ⅱ 为液态，含水率为 64.5%。

③ 计算水灰比时的水包括液态水玻璃中的水、NaOH 按照 $2NaOH \longrightarrow Na_2O + H_2O$ 计算的水和自来水。

2. 浆体的抗压强度

参照 3.2.3 节和 4.2.3 节中的砂浆抗压强度测试方法和相关规定，碱激发矿渣净浆和碱激发矿渣陶砂砂浆的抗压强度见表5.2。

表5.2　碱激发矿渣净浆和碱激发矿渣陶砂砂浆的抗压强度

砌筑浆体类别	设计强度等级	抗压强度实测平均值/MPa	折算后抗压强度平均值/MPa
碱激发矿渣净浆	Mb25	19.1	25.8
	Mb35	26.7	36.1
	Mb40	29.7	40.1
	Mb45	34.5	46.6
	Mb55	43.7	59.0
	Mb130	97.3	131.4
碱激发矿渣陶砂砂浆	Mb25	20.8	28.1
	Mb35	28.2	38.1
	Mb40	32.5	43.9
	Mb45	36.2	48.8
	Mb55	43.0	58.1
	Mb80	60.9	82.3

5.2.2　碱激发矿渣陶粒混凝土空心砌块砌体的抗剪试验

1. 试件设计与制作

依据《砌体基本力学性能试验方法标准》，碱激发矿渣陶粒混凝土空心砌块砌体抗剪试验采用双剪试件，设计其尺寸为590 mm × 390 mm × 190 mm，如图5.1所示。试验分别设计了6个强度等级的碱激发矿渣净浆和6个强度等级的碱激发矿渣陶砂砂浆砌筑碱激发矿渣陶粒混凝土空心砌块砌体的抗剪试验，共12组，每组9个试件，共108个试件，试件主要参数见表5.3。本次抗剪试件的砌筑是由同一名中等技术水平的瓦工完成的，抗剪试件由两个主砌块和两个辅助砌块分3层砌筑而成，碱激发矿渣净浆和碱激发矿渣陶砂砂浆的灰缝分别控制在4 ~ 7 mm和9 ~ 11 mm。由于碱激发矿渣胶凝材料早期强度上升很快，因此，碱激发矿渣陶粒混凝土空心砌块砌体抗剪试件制作完成后，在自然条件下养护至相应的强度等级时进行该砌块砌体的抗剪试验。

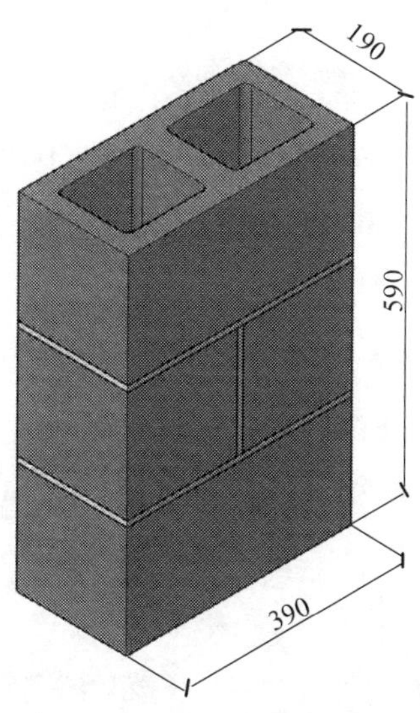

图 5.1　碱激发矿渣陶粒混凝土空心砌块砌体抗剪试件(单位为 mm)

表 5.3　碱激发矿渣陶粒混凝土空心砌块砌体抗剪试件主要参数

砌筑浆体类别	砌块强度等级	浆体折算后抗压强度/MPa	试件数量/个	灰缝厚度/mm
碱激发矿渣净浆	MU15	25.8	9	4 ~ 7
	MU15	36.1	9	4 ~ 7
	MU15	40.1	9	4 ~ 7
	MU15	46.6	9	4 ~ 7
	MU15	59.0	9	4 ~ 7
	MU15	131.4	9	4 ~ 7
碱激发矿渣陶砂砂浆	MU15	28.1	9	9 ~ 11
	MU15	38.1	9	9 ~ 11
	MU15	43.9	9	9 ~ 11
	MU15	48.8	9	9 ~ 11
	MU15	58.1	9	9 ~ 11
	MU15	82.3	9	9 ~ 11

2. 试验装置和加载方案

碱激发矿渣陶粒混凝土空心砌块砌体的抗剪试验在 5 000 kN 试验机上进行,具体的抗剪试验装置如图 5.2 所示。试验前,测量抗剪试件的受剪面尺寸,需精确至 1 mm。两侧主砌块(390 mm × 190 mm × 190 mm) 的下方和中间辅助砌块(190 mm × 190 mm × 190 mm) 的上方各设置一个 190 mm × 190 mm × 10 mm 的钢板，当试件与钢板不密合时，用超细石英砂找平使其接触密合。将试件置于压力机上下压头之间，并使试件中心线与试验机上下压头中心重合后开始加载。抗剪试验采用匀速连续加载，加载速度应按试件加载后 1 ~ 3 min 内破坏进行控制，当至少有一个平行于加载方向的灰缝被剪坏即认为试件发生了受剪破坏。记录试件的破坏荷载，并观察试件的破坏特征。

(a)实拍图

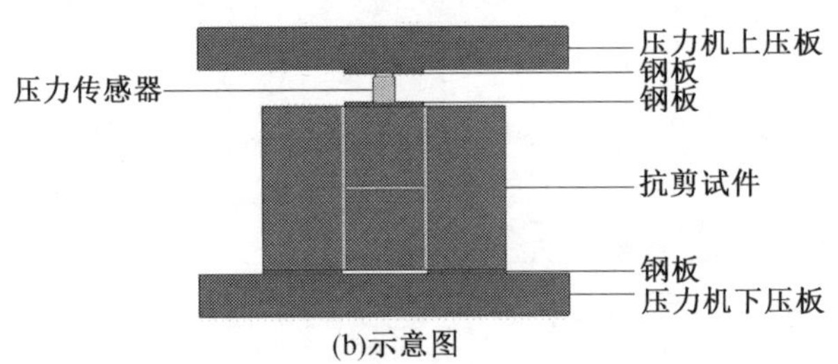

(b)示意图

图 5.2　碱激发矿渣陶粒混凝土空心砌块砌体的抗剪试验装置

5.3　试验现象

108 个试件中，一个灰缝被剪坏的有 101 个试件，两个灰缝被剪坏的有 7 个试件。108 个试件均发生灰缝受剪破坏，块体未见损伤，如图 5.3 和图 5.4 所示，这是由于抗剪试件砌筑时不能保证两条水平灰缝的饱和度完全相同，加载时 3 个承压面不能保证完全平行。通过对比破坏荷载，发现同一组的试件破坏发生在两个受剪面的破坏荷载均高于一个受剪面的破坏荷载,说明双剪破坏能够充分发挥两个受剪面的强度。

(a)单剪破坏　　(b)双剪破坏

图 5.3　碱激发矿渣陶粒混凝土空心砌块砌体抗剪试验的破坏类型示意图

(a)单剪破坏　　(b)双剪破坏

图 5.4　碱激发矿渣陶粒混凝土空心砌块砌体抗剪试验的典型破坏形态

5.4　试验结果与分析

5.4.1　砌体抗剪强度

《砌体基本力学性能试验方法标准》给出的砌体抗剪强度计算公式为

$$f_{v,i}=\frac{N_v}{2A} \tag{5.1}$$

式中　$f_{v,i}$—— 试件的抗剪强度,MPa;

N_v—— 试件的抗剪破坏荷载值,N;

A—— 试件的一个受剪面的面积,mm^2。

碱激发矿渣净浆和碱激发矿渣陶砂砂浆砌筑的碱激发矿渣陶粒混凝土空心砌块砌体的抗剪试验结果见表5.4和表5.5。

碱激发矿渣净浆和碱激发矿渣陶砂砂浆砌筑的碱激发矿渣陶粒混凝土空心砌块砌体的抗剪强度均随着砌筑浆体抗压强度的提高而增大(碱激发矿渣净浆强度等级为Mb25的这一组除外)。当采用相同强度的碱激发矿渣净浆与碱激发矿渣陶砂砂浆作为砌筑浆体时,碱激发矿渣陶砂砂浆砌筑的砌体抗剪强度均高于用净浆砌筑的砌体抗剪强度。此外,还发现随着砌筑浆体抗压强度的提高,砌体抗剪强度增大得有限。这主要是因为碱激发矿渣陶砂砂浆掺加陶砂,当砌筑浆体的体积相同时,掺加陶砂使得胶凝材料减少,而收缩主要是由胶凝材料引起的,骨料不会收缩,碱激发矿渣陶砂砂浆的收缩小于碱激发矿渣净浆的收缩;砌筑浆体抗压强度越高,其收缩越大。因此,砌筑浆体的含砂率应作为考察这类砌体抗剪强度的一个重要参数。在一定限度内,随着激发剂中Na_2O含量的增加,碱激发矿渣净浆的流动性有所减小,其保水性有所改善。对于砌筑浆体还应将Na_2O含量作为考察这类砌体抗剪强度的另一个重要参数。

表5.4　碱激发矿渣净浆砌筑的碱激发矿渣陶粒混凝土空心砌块砌体的抗剪试验结果

净浆强度等级	f_2/MPa	N/%	$f_{v,m}$/MPa
Mb25	25.8	8.8	0.122
Mb35	36.1	4.4	0.050
Mb40	40.1	6.6	0.094
Mb45	46.6	8.8	0.110
Mb55	59.0	6.6	0.114
Mb130	131.4	8.8	0.167

注:f_2为碱激发矿渣净浆的折算后抗压强度,N为Na_2O含量,$f_{v,m}$为碱激发矿渣净浆砌筑的碱激发矿渣陶粒混凝土空心砌块砌体的抗剪强度。

表5.5　碱激发矿渣陶砂砂浆砌筑的碱激发矿渣陶粒混凝土空心砌块砌体的抗剪试验结果

砂浆强度等级	f_2/MPa	W	S	N	n	$f_{v,m}$/MPa
Mb25	28.1	0.44	2.08	0.044	0	0.094
Mb35	38.1	0.58	2.50	0.102	1.26	0.164
Mb40	43.9	0.44	2.08	0.088	1.16	0.222

续表5.5

砂浆强度等级	f_2/MPa	W	S	N	n	$f_{v,m}$/MPa
Mb45	48.8	0.50	2.50	0.088	1.16	0.240
Mb55	58.1	0.58	2.08	0.102	1.26	0.253
Mb80	82.3	0.50	2.50	0.088	1.16	0.284

注:f_2 为碱激发矿渣陶砂砂浆的折算后抗压强度;W 为水灰比;S 为砂灰比;N 为 Na_2O 含量;n 为水玻璃模数;$f_{v,m}$ 为碱激发矿渣陶砂砂浆砌筑的碱激发矿渣陶粒混凝土空心砌块砌体的抗剪强度。

5.4.2　净浆砌筑的砌体抗剪强度平均值计算公式

以 Na_2O 含量(N) 和碱激发矿渣净浆抗压强度的 1/2 次幂($\sqrt{f_2}$) 为横坐标,以碱激发矿渣净浆砌筑的碱激发矿渣陶粒混凝土空心砌块砌体的抗剪强度 $f_{v,m}$ 为纵坐标建立坐标系。将 Na_2O 含量介于4.4% ~ 8.8% 和碱激发矿渣净浆的折算后抗压强度介于25.8 ~ 131.4 MPa 的试验数据置于坐标系中,发现$f_{v,m}$ 与 N 和 $\sqrt{f_2}$ 近似呈线性关系。在参数试验取值区间内,当 Na_2O 含量相同时,$f_{v,m}$ 随着 $\sqrt{f_2}$ 的增大而增大;当碱激发矿渣净浆折算后抗压强度 f_2 相同时,$f_{v,m}$ 随着 N 的增大而增大。结合图 5.5,拟合得到下列用碱激发矿渣净浆作为砌筑浆体的碱激发矿渣陶粒混凝土空心砌块砌体抗剪强度平均值的公式:

$$f_{v,m} = 0.008\sqrt{f_2} + 1.440N - 0.057 \tag{5.2}$$

式中　$f_{v,m}$—— 碱激发矿渣净浆作为砌筑浆体时碱激发矿渣陶粒混凝土空心砌块砌体的抗剪强度,MPa;

f_2—— 碱激发矿渣净浆的折算后抗压强度,MPa;

N——Na_2O 含量,激发剂中 Na_2O 质量与矿物粉料的质量比。

当 Na_2O 含量介于4.4% ~ 8.8% 时,随着 Na_2O 含量的增加,碱激发矿渣净浆的流动性有所降低,保水性能有所改善。这是在 Na_2O 含量试验取值区间内抗剪强度随 Na_2O 含量增加而提高的原因。

5.4.3　砂浆砌筑的砌体抗剪强度平均值计算公式

水灰比、砂灰比、激发剂中碱含量和水玻璃模数对碱激发矿渣陶砂砂浆强度

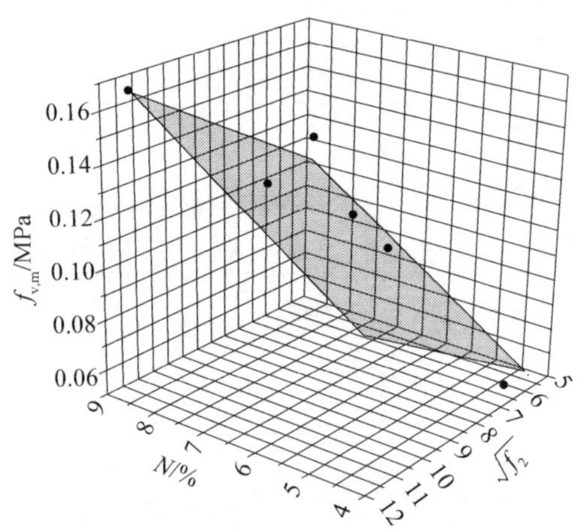

图 5.5　Na_2O 含量和碱激发矿渣净浆抗压强度对碱激发矿渣净浆砌筑的砌块砌体抗剪强度的影响

的影响较为显著。当碱激发矿渣陶砂砂浆抗压强度相同时，水灰比越大，收缩越大，但砂浆的流动性越好；砂灰比越大，收缩越小，砂浆的工作性能越差；碱性激发剂用量和水玻璃模数的不同会影响碱激发矿渣陶砂砂浆的凝结时间和流动性能。因此，对碱激发矿渣陶砂砂浆砌筑的砌块砌体，着力考察碱激发矿渣陶砂砂浆的折算后抗压强度 f_2、Na_2O 含量 N、水玻璃模数 n、砂灰比 S 和水灰比 W 对砌体抗剪强度的影响。

以水灰比与砂灰比的乘积 WS 和水玻璃模数与 Na_2O 含量的乘积 nN 为横坐标，以 $f_{v,m}/\sqrt{f_2}$ 为纵坐标建立坐标系。将水灰比介于 0.44 ~ 0.58、砂灰比介于 208.3% ~ 250.0%、水玻璃模数介于 0 ~ 1.26、Na_2O 含量介于 4.4% ~ 10.2%、碱激发矿渣陶砂砂浆的折算后抗压强度介于 28.1 ~ 82.3 MPa 的试验数据置于坐标系中，如图 5.6 所示。由图 5.6 发现，当 $0 \leqslant nN < 0.10$ 时，$f_{v,m}/\sqrt{f_2}$ 随着 W 或 S 的增加而增大；当 $0.10 \leqslant nN \leqslant 0.13$ 时，$f_{v,m}/\sqrt{f_2}$ 随着 W 或 S 的增加而减小。当 $0.63 \leqslant WS - 2.266nN < 0.96$ 时，$f_{v,m}/\sqrt{f_2}$ 随着 N 或 n 的增加而增大；当 $0.96 \leqslant WS - 2.266nN \leqslant 1.46$ 时，$f_{v,m}/\sqrt{f_2}$ 随着 N 或 n 的增加而减小。

碱激发矿渣陶砂砂浆中陶砂的加入可以改善该砂浆的收缩性能，而 Na_2O 含量和水玻璃模数均存在一个最佳掺量，这是由于在水化过程中，Na_2O 含量的提高可以有效增加碱度，促进水化反应的进行，但过量的 Na_2O 导致 OH^- 的浓度过高，

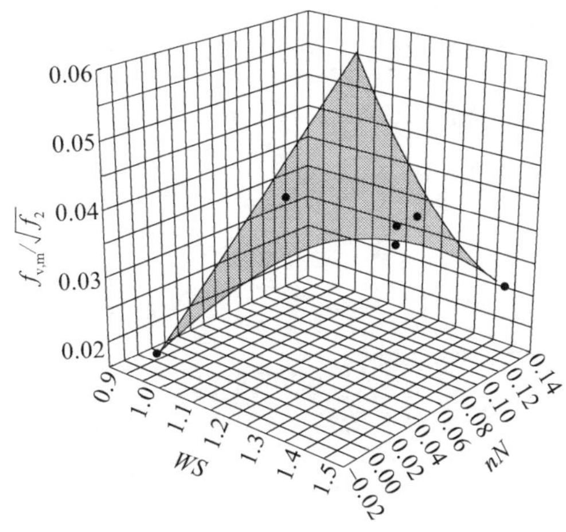

图 5.6　水灰比、砂灰比、水玻璃模数、Na_2O 含量和砂浆折算后抗压强度对砂浆砌筑的砌体抗剪强度的影响

使反应过快,形成一层保护膜,会降低反应速率;增大水玻璃模数可以提高 SiO_4^{4-} 的含量,从而产生更多的水化硅(铝)酸钙,提高碱激发矿渣陶砂砂浆的抗压强度,而过高的水玻璃模数会形成过多的 SiO_4^{4-},不利于矿渣的解聚与聚合,进而降低了砂浆强度。结合图 5.6,拟合得到下列碱激发矿渣陶砂砂浆砌筑的碱激发矿渣陶粒混凝土空心砌块砌体的抗剪强度平均值计算公式:

$$f_{v,m} = (0.914nN + 0.095WS - 0.949WSnN + 1.075n^2N^2 - 0.069)\sqrt{f_2} \tag{5.3}$$

式中　$f_{v,m}$——碱激发矿渣陶砂砂浆作为砌筑浆体的碱激发矿渣陶粒混凝土空心砌块砌体的抗剪强度,MPa;

f_2——碱激发矿渣陶砂砂浆的折算后抗压强度,MPa;

n——水玻璃模数;

N——Na_2O 含量,激发剂中 Na_2O 质量与矿物粉料的质量比;

W——水灰比,碱激发矿渣陶砂砂浆配合比中的水与矿物粉料的质量比;

S——砂灰比,碱激发矿渣陶砂砂浆配合比中的陶砂与矿物粉料的质量比。

5.4.4 抗剪强度实测值、拟合公式计算值与规范公式计算值对比

我国现行的《砌体结构设计规范》(GB 50003—2011)附录 B 中表 B.0.1－2 给出了下列砌体抗剪强度平均值的计算公式：

$$f_{v,m}=k_5\sqrt{f_2} \tag{5.4}$$

式中 $f_{v,m}$—— 砌体的抗剪强度,MPa;

f_2—— 砂浆的折算后抗压强度,MPa;

k_5—— 抗剪强度系数,对于混凝土小型空心砌块,k_5 取 0.069。

将砌块砌体抗剪强度实测值、拟合公式计算值和规范公式计算值进行对比分析,见表 5.6。

表 5.6 砌块砌体抗剪强度实测值、拟合公式计算值和规范公式计算值对比

砌筑浆体类别	f_2/MPa	$f^t_{v,m}$/MPa	$f^c_{v,m}$/MPa	$f^c_{v,m}/f^t_{v,m}$	$f^g_{v,m}$/MPa
碱激发矿渣净浆	25.8	0.122	0.110	0.902	0.350
	36.1	0.050	0.054	1.080	0.415
	40.1	0.094	0.089	0.947	0.437
	46.6	0.110	0.124	1.127	0.471
	59.0	0.114	0.100	0.877	0.530
	131.4	0.167	0.161	0.964	0.791
碱激发矿渣陶砂砂浆	28.1	0.094	0.092	0.979	0.366
	38.1	0.164	0.161	0.982	0.426
	43.9	0.222	0.219	0.986	0.457
	48.8	0.240	0.226	0.942	0.482
	58.1	0.253	0.250	0.988	0.526
	82.3	0.284	0.294	1.035	0.626

注:f_2 为碱激发矿渣净浆或碱激发矿渣陶砂砂浆的折算后抗压强度,$f^t_{v,m}$ 为碱激发矿渣陶粒混凝土空心砌块砌体的抗剪强度实测平均值,$f^c_{v,m}$ 为基于式(5.2)和式(5.3)的碱激发矿渣陶粒混凝土空心砌块砌体的抗剪强度计算值,$f^g_{v,m}$ 为基于式(5.4)的混凝土砌块砌体的抗剪强度计算值。

由表5.6可知,12组不同强度的碱激发矿渣净浆和碱激发矿渣陶砂砂浆砌筑的碱激发矿渣陶粒混凝土空心砌块砌体的抗剪强度实测值均低于基于式(5.4)

的计算值，这是由于碱激发矿渣胶凝材料早期收缩大，一般常温下碱激发矿渣的干燥收缩是普通硅酸盐水泥的 3 ~ 5 倍，而碱激发矿渣陶砂砂浆是以结硬的碱激发矿渣浆体为胶凝材料，当体积含砂率相同时，与水泥砂浆/混合砂浆相比，碱激发矿渣陶砂砂浆的收缩也相对较大。在砌筑浆体（碱激发矿渣净浆和碱激发矿渣陶砂砂浆）的结硬过程中，砌筑浆体沿墙长和墙宽方向受拉，在剪切荷载作用下，水平灰缝或存在拉应力，或受拉开裂，其与砌块间的剪摩作用减小。当砌筑浆体为碱激发矿渣净浆时，$f^{c}_{v,m}/f_{v,m}$ 的平均值为 0.983，标准差为 0.100，变异系数为 0.101；当砌筑浆体为碱激发矿渣陶砂砂浆时，$f^{c}_{v,m}/f_{v,m}$ 的平均值为 0.985，标准差为 0.030，变异系数为 0.030，说明式(5.2) 和式(5.3) 可以预估碱激发矿渣陶粒混凝土空心砌块砌体的抗剪强度。

5.5　砌体的抗剪强度设计值

根据《砌体结构设计规范》，混凝土空心砌块砌体的抗剪强度设计值见表 5.7。

表 5.7　混凝土空心砌块砌体的抗剪强度设计值　MPa

砂浆强度等级	Mb10	Mb7.5	Mb5
砌体抗剪强度设计值	0.09	0.08	0.06

混凝土空心砌块砌体的抗剪强度预估值按式(5.5) 计算，混凝土空心砌块砌体的抗剪强度预估值见表 5.8。

$$f_{v,m} = 0.069\sqrt{f_2} \tag{5.5}$$

式中　$f_{v,m}$—— 混凝土空心砌块砌体的抗剪强度预估值；

f_2—— 砌筑砂浆的抗压强度平均值。

表 5.8　混凝土空心砌块砌体的抗剪强度预估值　MPa

砂浆强度等级	Mb10	Mb7.5	Mb5
砌体抗剪强度预估值	0.22	0.19	0.15

碱激发矿渣陶粒混凝土空心砌块砌体的抗剪强度预估值可按本章相应公式计算，抗剪强度预估值与设计值的比值与普通砌体的取值相同。混凝土空心砌块砌体的抗剪强度预估值与设计值的比值见表 5.9，取混凝土空心砌块砌体的抗

剪强度预估值与设计值的比值为2.57。因此,碱激发矿渣陶粒混凝土空心砌块砌体的抗剪强度设计值见表5.10。

表5.9　混凝土空心砌块砌体的抗剪强度预估值与设计值的比值

砂浆强度等级	Mb10	Mb7.5	Mb5
砌体的抗剪强度预估值与设计值的比值	2.42	2.36	2.57

表5.10　碱激发矿渣陶粒混凝土空心砌块砌体的抗剪强度设计值　MPa

砂浆强度等级	砌体抗剪强度预估值	砌体抗剪强度设计值
Mb25	0.092	0.036
Mb35	0.161	0.063
Mb40	0.219	0.085
Mb45	0.226	0.088
Mb55	0.250	0.097
Mb80	0.294	0.114

5.6　本章小结

本章进行了108个用强度等级Mb25 ~ Mb130碱激发矿渣净浆和用强度等级Mb25 ~ Mb80碱激发矿渣陶砂砂浆砌筑的碱激发矿渣陶粒混凝土空心砌块砌体的抗剪试验,得到以下主要结论:

(1) 无论是碱激发矿渣净浆作为砌筑浆体,还是碱激发矿渣陶砂砂浆作为砌筑浆体,砌体的抗剪强度均低于用相同强度的水泥砂浆和混合砂浆作为砌筑浆体的砌块砌体。砌筑浆体抗压强度相同时,碱激发矿渣净浆比碱激发矿渣陶砂砂浆砌筑的砌块砌体的抗剪强度低,这是由于碱激发胶凝材料的收缩大于水泥胶凝材料。

(2) 建立了随碱激发矿渣净浆抗压强度1/2次幂增大而线性增大,随Na_2O含量提高而线性提高的用碱激发矿渣净浆作为砌筑浆体时的碱激发矿渣陶粒混凝土空心砌块砌体的抗剪强度计算公式。

(3) 用碱激发矿渣陶砂砂浆砌筑的碱激发矿渣陶粒混凝土空心砌块砌体的抗剪强度不但与碱激发矿渣陶砂砂浆的抗压强度有关,而且受水灰比、砂灰比、

Na_2O 含量和水玻璃模数的影响。基于试验结果，建立了用碱激发矿渣陶砂砂浆砌筑的碱激发矿渣陶粒混凝土空心砌块砌体的抗剪强度计算公式。

第6章　碱激发矿渣陶粒混凝土空心砌块砌体的弯曲抗拉性能

6.1　概　　述

相关学者进行了用水泥砂浆/混合砂浆砌筑的砌体的弯曲抗拉性能试验，普遍认为弯曲抗拉强度与砂浆的抗压强度的1/2次幂成正比，《砌体结构设计规范》也采用了上述表达方式。上述试验中砌体弯曲抗拉强度按他们所建立公式的预估值与实测值比值的平均值介于0.799～1.164，离散性还是比较大的，这或许是因为当砂浆抗压强度相同时，水灰比和砂灰比不同。水泥砂浆/混合砂浆砌筑的砌体弯曲受拉性能不但与砂浆抗压强度有关，可能还与水灰比和砂灰比有关；同时，碱激发矿渣陶砂砂浆的力学性能和工作性能不但与水灰比、砂灰比有关，而且应该与 Na_2O 含量或水玻璃模数有关。因此，合理考虑各关键参数对碱激发矿渣陶砂砂浆工作性能和力学性能及用其砌筑的碱激发矿渣陶粒混凝土空心砌块砌体弯曲受拉性能的影响，基于试验结果，建立碱激发矿渣陶砂砂浆砌筑的碱激发矿渣陶粒混凝土空心砌块砌体的弯曲抗拉强度计算公式，具有现实意义。

6.2　试验方案

6.2.1　碱激发矿渣陶砂砂浆

1.砂浆的配合比

碱激发矿渣陶粒混凝土空心砌块砌体的弯曲抗拉强度试验设计的砌筑浆体

用碱激发矿渣陶砂砂浆有 6 个强度等级，即 Mb25、Mb35、Mb45、Mb60、Mb70、Mb90。砌筑砂浆具体的配合比见表 6.1。

2. **砂浆的抗压强度**

参照 3.2.3 节和 4.2.3 节中的砂浆抗压强度测试方法和相关规定，碱激发矿渣陶砂砂浆的抗压强度见表 6.2。

表 6.1　碱激发矿渣陶砂砂浆的配合比　　kg/m^3

砂浆强度等级	矿渣 Ⅰ	矿渣 Ⅱ	粉煤灰	陶砂	水玻璃Ⅱ	NaOH	Na_2CO_3	水
Mb25	—	513	—	1 069.3	—	24.5	6.1	220.3
Mb35	—	253	253	1 052.9	186.6	36.5	—	93.8
Mb45	—	265	265	1 070.2	162.5	27.9	—	92.3
Mb60	—	447	—	1 118.7	165.2	32.3	—	107.6
Mb70	—	286	286	1 009.3	176.5	30.3	—	100.3
Mb90	449	—	—	1 122.3	165.8	32.4	—	108.0

注：① 表中水为自来水。

② 水玻璃 Ⅱ 为液态，含水率为 64.5%。

③ 配合比计算水灰比时的水包括液态水玻璃中的水，以及 NaOH 按照 $2NaOH \longrightarrow Na_2O + H_2O$ 计算的水和自来水。

表 6.2　碱激发矿渣陶砂砂浆的抗压强度

砂浆强度等级	抗压强度实测平均值 /MPa	折算后抗压强度平均值 /MPa
Mb25	20.5	27.7
Mb35	27.9	37.7
Mb45	34.2	46.2
Mb60	47.1	63.6
Mb70	52.1	70.3
Mb90	68.1	91.9

6.2.2　碱激发矿渣陶粒混凝土空心砌块的抗折试验

由于本书试验所用的碱激发矿渣陶砂砂浆强度等级高于空心砌块的强度等

级，砌体弯曲受拉试验过程中不排除出现砌块被折断的可能，如果弯曲抗拉试验过程中有砌块被折断，计算砌体弯曲抗拉强度时应扣除被折断砌块的贡献，因此，需进行碱激发矿渣陶粒混凝土空心砌块的抗折试验。

1. 试验装置和加载方案

为了与砌体弯曲抗拉试件的弯曲抗拉试验保持一致，依据《混凝土砌块和砖试验方法》，采用将空心砌块的开孔方向置于水平方向，即与试验机加压方向垂直进行砌块的抗折试验，如图6.1所示。尽量使试件上方中心线与试验机中心线重合，加载速率为(250 ±50) N/s，均匀加载至试件破坏。

2. 抗折强度

以5个主砌块的抗折强度的算术平均值记为碱激发矿渣陶粒混凝土空心砌块的抗折强度，见表6.3。该砌块的抗折试验破坏荷载平均值为10.2 kN，破坏面的抵抗弯矩为0.8 kN · m。

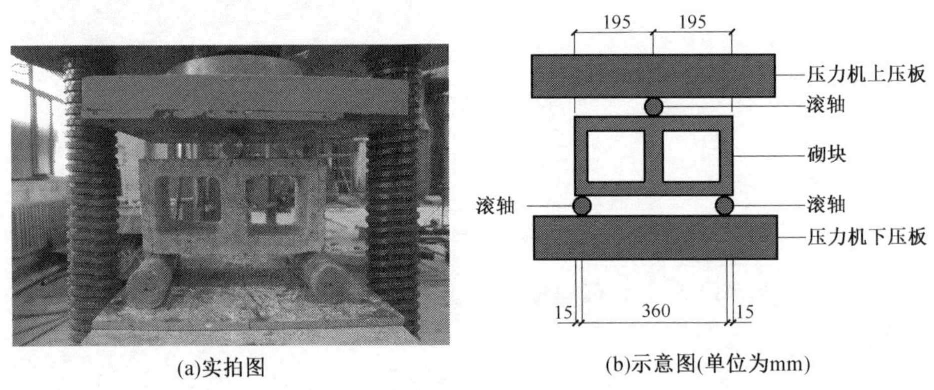

(a)实拍图　　(b)示意图(单位为mm)

图6.1　碱激发矿渣陶粒混凝土空心砌块的抗折试验

表6.3　碱激发矿渣陶粒混凝土空心砌块的抗折试验破坏荷载

砌块组号	1	2	3	4	5	平均值	变异系数
MU15	10.0 kN	12.4 kN	8.6 kN	13.0 kN	7.2 kN	10.2 kN	24.1%

6.2.3　碱激发矿渣陶粒混凝土空心砌块砌体的弯曲抗拉试验

1. 试件设计与制作

依据《砌体基本力学性能试验方法标准》，混凝土空心砌块砌体的弯曲抗拉试验分为沿通缝截面和沿齿缝截面弯曲抗拉破坏两种。碱激发矿渣陶粒混凝土空心砌块砌体沿通缝截面的弯曲抗拉试件由 14 个主砌块分 7 层砌筑而成，其尺寸为 390 mm × 390 mm × 1 390 mm；沿齿缝截面弯曲抗拉试件由 12 个主砌块与 4 个辅助砌块分 4 层砌筑而成，其尺寸为 1 390 mm × 190 mm × 790 mm。碱激发矿渣陶砂砂浆的水平灰缝尺寸控制在 9 ~ 11 mm，如图 6.2 所示。试验设计了 6 个强度等级的碱激发矿渣陶砂砂浆砌筑碱激发矿渣陶粒混凝土空心砌块砌体的弯曲抗拉试验。沿通缝截面和沿齿缝截面的弯曲抗拉试件每组有 9 个，共 108 个试件。弯曲抗拉试件的主要参数见表 6.4。碱激发矿渣陶粒混凝土空心砌块砌体弯曲抗拉试件制作完成后，在自然条件下养护至一定强度时进行相应的弯曲抗拉试验。所有试件于试验前 3 d，在试件的支座处和荷载作用处采用水泥砂浆找平，并用水平尺进行检查，使支座处或荷载作用面处于同一水平面上。找平层的厚度不应小于 10 mm，宽度不应小于加荷垫板宽度。

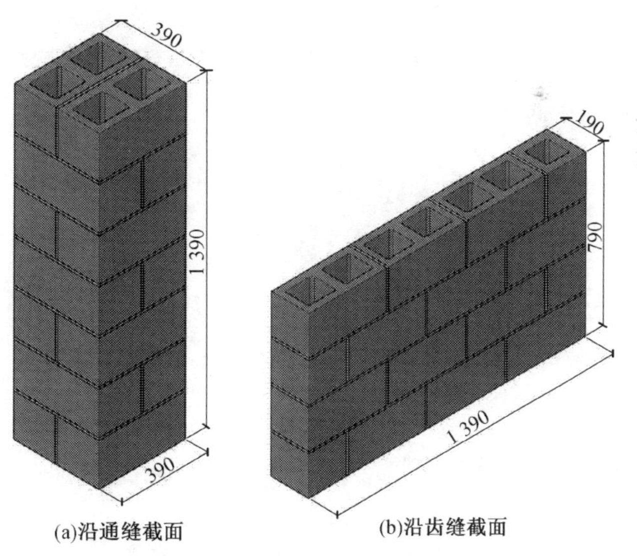

图 6.2　碱激发矿渣陶粒混凝土空心砌块砌体的弯曲抗拉试件(单位为 mm)

2. 试验装置和加载方案

依据《砌体基本力学性能试验方法标准》进行碱激发矿渣陶粒混凝土空心砌块砌体的弯曲抗拉试验,如图6.3所示。试验加载装置由混凝土台座、千斤顶、反力架、压力传感器、荷载分配梁、固定铰支座和滑动铰支座等组成。试验前,在试件上标出支座与加载点的位置,并在试件纯弯段中部测量试件的截面尺寸;试验时,将沿通缝截面的弯曲抗拉试件平放或沿齿缝截面的弯曲抗拉试件沿长轴旋转90°,将其安装到试验台座上,进行该砌块砌体的弯曲抗拉试验。加载时采用匀速连续加载,加载速度应按试件加载后3 ~ 5 min内破坏控制。

表6.4 碱激发矿渣陶粒混凝土空心砌块砌体弯曲抗拉试件的主要参数

砌块强度等级	砌筑砂浆强度等级	砌筑砂浆折算后抗压强度平均值/MPa	试件数量/个		水平灰缝厚度/mm
			沿通缝截面	沿齿缝截面	
MU15	Mb25	27.7	9	9	9 ~ 11
MU15	Mb35	37.7	9	9	9 ~ 11
MU15	Mb45	46.2	9	9	9 ~ 11
MU15	Mb60	63.6	9	9	9 ~ 11
MU15	Mb70	70.3	9	9	9 ~ 11
MU15	Mb90	91.9	9	9	9 ~ 11

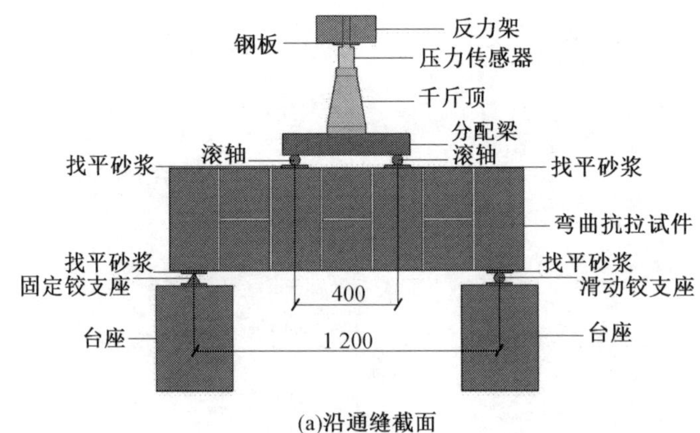

(a)沿通缝截面

图6.3 碱激发矿渣陶粒混凝土空心砌块砌体的弯曲抗拉试验加载示意图(单位为mm)

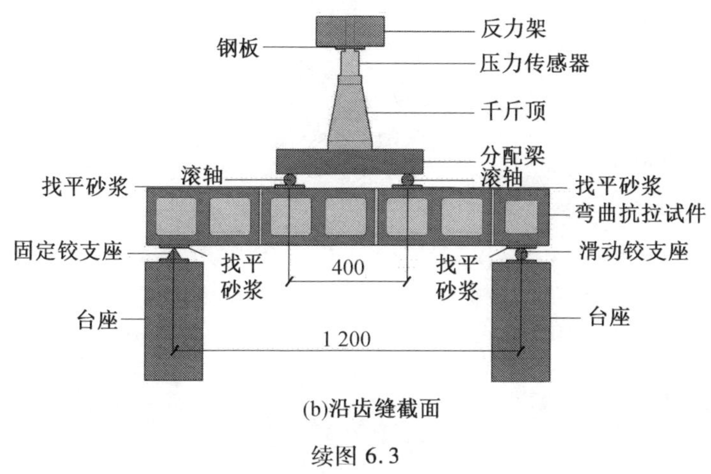

(b)沿齿缝截面

续图 6.3

6.3　试验现象

碱激发矿渣陶粒混凝土空心砌块砌体在试验荷载加载初期,试件表面和灰缝处无明显的破坏迹象,直到试验荷载加载至破坏荷载时,弯曲抗拉试件在跨中1/3 纯弯段内破坏,表现出明显的脆性破坏特征。沿通缝截面破坏均发生在碱激发矿渣陶砂砂浆与砌块的黏结面,如图6.4 所示。沿齿缝截面破坏分有一个砌块被折断和有两个砌块被折断两种情况,如图6.5 所示。沿齿缝截面破坏存在砌块被折断的情况,是因为砌块的抗折弯矩仅为 0.8 kN · m,低于相应齿缝剪摩对砌体抵抗弯矩的贡献。

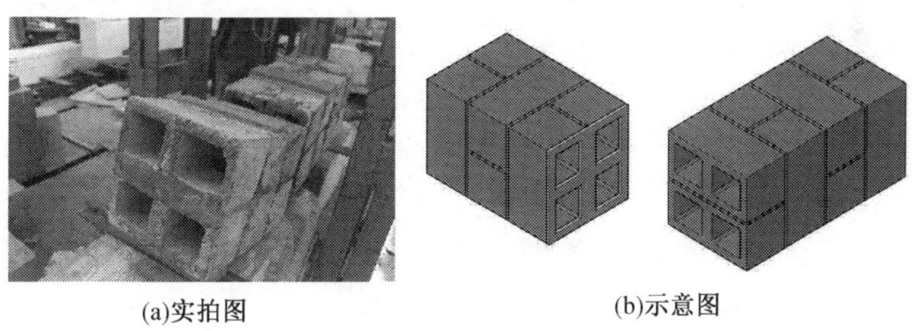

(a)实拍图　　(b)示意图

图 6.4　碱激发矿渣陶粒混凝土空心砌块砌体沿通缝截面的弯曲抗拉破坏形态

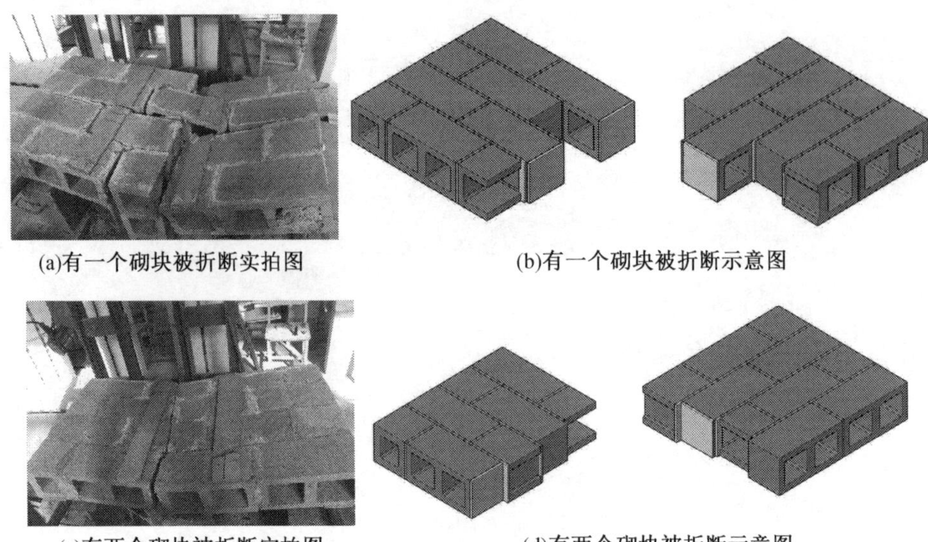

(a)有一个砌块被折断实拍图

(b)有一个砌块被折断示意图

(c)有两个砌块被折断实拍图

(d)有两个砌块被折断示意图

图 6.5　碱激发矿渣陶粒混凝土空心砌块砌体沿齿缝截面的弯曲抗拉破坏形态

6.4　试验结果与分析

6.4.1　砌体弯曲抗拉强度

依据《砌体基本力学性能试验方法标准》，碱激发矿渣陶粒混凝土空心砌块砌体单个试件的弯曲抗拉强度 $f_{tm,i}$ 的计算公式为

$$f_{tm,i}=\frac{(N_t+0.75G)L}{bh^2} \tag{6.1}$$

式中　$f_{tm,i}$—— 试件的弯曲抗拉强度，MPa；

N_t—— 试件的抗弯破坏荷载值，包括荷载分配梁等附件的自重（当有砌块被折断时，扣除被折断砌块承受的破坏荷载），N；

G—— 试件的自重，N；

L—— 抗弯试件的计算跨度，mm；

b—— 试件的截面宽度，当有砌块被折断时扣除被折断砌块沿墙宽度方向的边长，mm；

h—— 试件的截面高度，mm。

碱激发矿渣陶粒混凝土空心砌块砌体的弯曲抗拉试验结果见表6.5。由表6.5可知,碱激发矿渣陶粒混凝土空心砌块砌体沿通缝截面和沿齿缝截面的弯曲抗拉强度均随着碱激发矿渣陶砂砂浆抗压强度的增大而增大。当采用相同强度等级的碱激发矿渣陶砂砂浆作为砌筑浆体时,碱激发矿渣陶粒混凝土空心砌块砌体沿齿缝截面的弯曲抗拉强度是沿通缝截面的1.4 ~ 2.5倍。

表6.5　碱激发矿渣陶粒混凝土空心砌块砌体的弯曲抗拉试验结果

砂浆强度等级	f_2/MPa	W	S	N	n	$f_{tm,T}$/MPa	破坏形态（通缝）	$f_{tm,C}$/MPa	破坏形态（齿缝）
Mb25	27.7	0.44	2.08	0.044	0.00	0.141	沿通缝	0.240	一个砌块被折断
Mb35	37.7	0.44	2.08	0.088	1.16	0.315	沿通缝	0.465	两个砌块被折断
Mb45	46.2	0.38	2.02	0.067	1.26	0.340	沿通缝	0.773	两个砌块被折断
Mb60	63.6	0.50	2.50	0.088	1.16	0.401	沿通缝	0.940	两个砌块被折断
Mb70	70.3	0.39	1.76	0.068	1.26	0.479	沿通缝	1.217	两个砌块被折断
Mb90	91.9	0.50	2.50	0.088	1.16	0.589	沿通缝	1.379	两个砌块被折断

注:f_2为碱激发矿渣陶砂砂浆的折算后抗压强度;W为水灰比;S为砂灰比;N为Na_2O含量;n为水玻璃模数;$f_{tm,T}$为试件沿通缝截面的弯曲抗拉强度实测平均值;$f_{tm,C}$为试件沿齿缝截面的弯曲抗拉强度实测值。

6.4.2　沿通缝截面的弯曲抗拉强度平均值计算公式

为考察水灰比和砂灰比的影响,将二者乘积作为一个综合参数;为考察Na_2O含量和水玻璃模数的影响,将二者之积作为一个综合参数。以水灰比与砂灰比乘积WS和水玻璃模数与Na_2O含量乘积nN为横坐标,以$f_{tm,T}/\sqrt{f_2}$为纵坐标建立坐标系。将水灰比介于0.38 ~ 0.50、砂灰比介于1.76 ~ 2.50、Na_2O含量介于4.4% ~ 8.8%和水玻璃模数介于0 ~ 1.26的试验数据置于坐标系中,如图6.6所示。发现当$0 \leqslant nN < 0.10$时,$f_{tm,T}/\sqrt{f_2}$随着W或S的增加而减小;当$0.10 \leqslant nN \leqslant 0.11$时,$f_{tm,T}/\sqrt{f_2}$随着$W$或$S$的增加而增大。当$0.67 \leqslant WS + 2.085nN < 0.98$时,$f_{tm,T}/\sqrt{f_2}$随着$n$或$N$的增加而减小;当$0.98 \leqslant WS + 2.085nN \leqslant 1.48$时,$f_{tm,T}/\sqrt{f_2}$随着$n$或$N$的增加而增大。

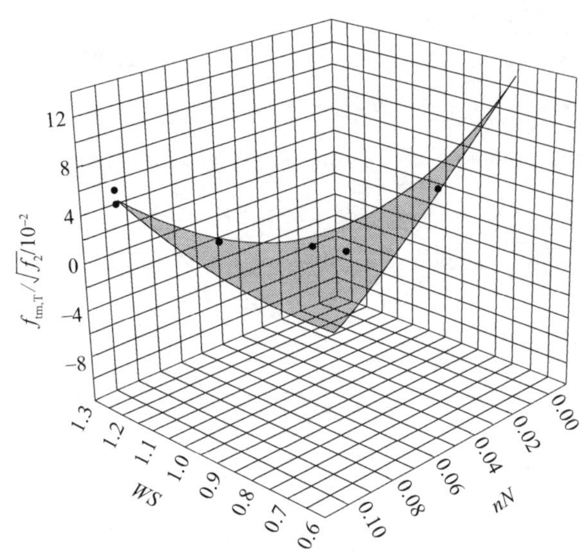

图 6.6 水灰比、砂灰比、水玻璃模量、Na_2O 含量和砂浆折算后抗压强度对 $f_{\mathrm{tm,T}}$ 的影响

Na_2O 含量和水玻璃模数均存在一个最佳掺量，这是由于在水化过程中，当 Na_2O 较低时，随着 Na_2O 含量的增加，激发剂的碱度有效地增加，促进矿渣水解，并与溶解的 Ca^{2+} 生成 C－S－H 凝胶，从而提高了碱激发矿渣陶砂砂浆的强度；而过量的 Na_2O 导致 OH^- 的浓度过高，反应发生迅速，在矿渣颗粒表面反应生成水化产物，形成一层保护膜，阻止反应进行，导致后期强度发展缓慢；增大水玻璃模数可以提高 SiO_4^{4-} 的含量，从而产生更多的水化硅(铝)酸钙，提高碱激发矿渣陶砂砂浆的抗压强度，而过高的水玻璃模数会形成过多的 SiO_4^{4-}，不利于矿渣的解聚与聚合而降低砂浆的强度。结合图 6.6，拟合得到下列用碱激发矿渣陶砂砂浆作为砌筑砂浆的碱激发矿渣陶粒混凝土空心砌块砌体沿通缝截面弯曲抗拉强度平均值的计算公式：

$$f_{\mathrm{tm,T}} = (-5.194nN - 0.529WS + 5.309WSnN + 5.535n^2N^2 + 0.512)\sqrt{f_2} \tag{6.2}$$

式中 $f_{\mathrm{tm,T}}$—— 碱激发矿渣陶砂砂浆作为砌筑砂浆的碱激发矿渣陶粒混凝土空心砌块砌体沿通缝截面的弯曲抗拉强度，MPa；

f_2—— 碱激发矿渣陶砂砂浆的抗压强度，MPa；

n—— 水玻璃模数；

N——激发剂中的 Na_2O 含量；

W——碱激发矿渣陶砂砂浆配合比中的水灰比；

S——碱激发矿渣陶砂砂浆配合比中的砂灰比。

6.4.3　沿齿缝截面的弯曲抗拉强度平均值计算公式

以水灰比与砂灰比乘积 WS 和水玻璃模数与 Na_2O 含量乘积 nN 为横坐标，以 $f_{tm,C}/\sqrt{f_2}$ 为纵坐标建立坐标系。将水灰比介于 0.38 ~ 0.50、砂灰比介于 1.76 ~ 2.50、Na_2O 含量介于 4.4% ~ 8.8%、水玻璃模数介于 0 ~ 1.26 和碱激发矿渣陶砂砂浆折算后抗压强度介于 27.7 ~ 91.9 MPa 的弯曲抗拉强度实测值置于坐标系中，如图 6.7 所示。由图 6.7 发现，当 $0 \leqslant nN < 0.10$ 时，$f_{tm,C}/\sqrt{f_2}$ 随着 W 或 S 的增加而减小；当 $0.10 \leqslant nN \leqslant 0.11$ 时，$f_{tm,C}/\sqrt{f_2}$ 随着 W 或 S 的增加而增大。当 $0.67 \leqslant WS + 0.371nN < 0.93$ 时，$f_{tm,C}/\sqrt{f_2}$ 随着 n 或 N 的增加而减小；当 $0.93 \leqslant WS + 0.371nN \leqslant 1.29$ 时，$f_{tm,C}/\sqrt{f_2}$ 随着 n 或 N 的增加而增大。

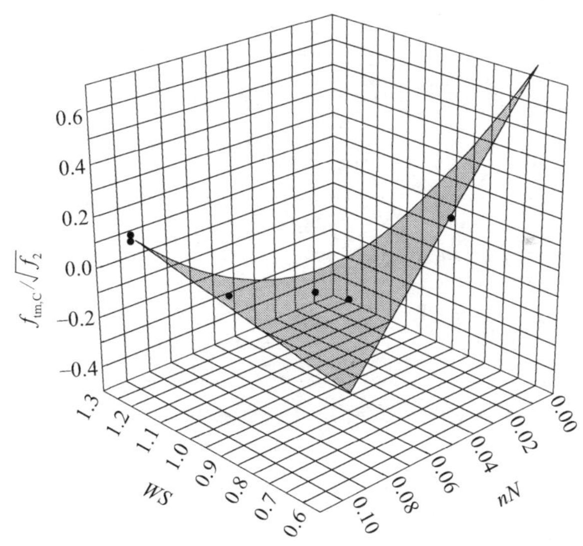

图 6.7　水灰比、砂灰比、水玻璃模量、Na_2O 含量和砂浆折算后抗压强度对 $f_{tm,C}$ 的影响

结合图 6.7，拟合得到下列用碱激发矿渣陶砂砂浆作为砌筑砂浆的碱激发矿渣陶粒混凝土空心砌块砌体沿齿缝截面弯曲抗拉强度平均值的计算公式：

$$f_{tm,C}=(-28.545nN-2.984WS+30.822WSnN+5.720n^2N^2+2.781)\sqrt{f_2} \tag{6.3}$$

式中 $f_{tm,C}$—— 碱激发矿渣陶砂砂浆作为砌筑砂浆的碱激发矿渣陶粒混凝土空心砌块砌体沿齿缝截面的弯曲抗拉强度,MPa;

f_2—— 碱激发矿渣陶砂砂浆的折算后抗压强度,MPa;

n—— 水玻璃模数;

N—— 激发剂中的 Na_2O 含量;

W—— 碱激发矿渣陶砂砂浆配合比中的水灰比;

S—— 碱激发矿渣陶砂砂浆配合比中的砂灰比。

6.4.4 弯曲抗拉强度实测值、拟合公式计算值与规范公式计算值对比

《砌体结构设计规范》(GB 50003—2011)附录B中表B.0.1-2给出了下列砌体弯曲抗拉强度平均值的计算公式:

$$f_{tm}=k_4\sqrt{f_2} \tag{6.4}$$

式中 f_{tm}—— 砌体弯曲抗拉强度平均值,MPa;

f_2—— 砂浆抗压强度平均值,MPa;

k_4—— 弯曲抗拉强度系数,对于混凝土砌块砌体,沿通缝截面取0.056,沿齿缝截面取0.081。

将砌块砌体弯曲抗拉强度实测值、拟合公式计算值和规范公式计算值对比分析,见表6.6和表6.7。

表6.6 砌块砌体沿通缝截面的弯曲抗拉强度实测值、拟合公式计算值和规范公式计算值对比

f_2/MPa	$f^{t}_{tm,T}$/MPa	$f^{c}_{tm,T}$/MPa	$f^{c}_{tm,T}/f^{t}_{tm,T}$	$f^{g}_{tm,T}$/MPa
27.7	0.141	0.143	1.011	0.295
37.7	0.315	0.317	1.006	0.344
46.2	0.340	0.342	1.005	0.381
63.6	0.401	0.449	1.119	0.447
70.3	0.479	0.481	1.003	0.470

续表6.6

f_2/MPa	$f^{t}_{tm,T}$/MPa	$f^{c}_{tm,T}$/MPa	$f^{c}_{tm,T}/f^{t}_{tm,T}$	$f^{g}_{tm,T}$/MPa
91.9	0.589	0.540	0.916	0.537

注：f_2 为碱激发矿渣陶砂砂浆的折算后抗压强度，$f^{t}_{tm,T}$ 为碱激发矿渣陶粒混凝土空心砌块砌体沿通缝截面的弯曲抗拉强度实测值，$f^{c}_{tm,T}$ 为基于式(6.2) 的碱激发矿渣陶粒混凝土空心砌块砌体沿通缝截面的弯曲抗拉强度计算值，$f^{g}_{tm,T}$ 为基于式(6.4) 的混凝土砌块砌体沿通缝截面的弯曲抗拉强度计算值。

表 6.7　砌块砌体沿齿缝截面的弯曲抗拉强度实测值、拟合公式计算值和规范公式计算值对比

f_2/MPa	$f^{t}_{tm,C}$/MPa	$f^{c}_{tm,C}$/MPa	$f^{c}_{tm,C}/f^{t}_{tm,C}$	$f^{g}_{tm,C}$/MPa
27.7	0.240	0.240	1.000	0.426
37.7	0.465	0.465	1.000	0.497
46.2	0.773	0.773	1.000	0.551
63.6	0.940	1.045	1.111	0.646
70.3	1.217	1.217	1.000	0.679
91.9	1.379	1.256	0.911	0.777

注：f_2 为碱激发矿渣陶砂砂浆的折算后抗压强度，$f^{t}_{tm,C}$ 为碱激发矿渣陶粒混凝土空心砌块砌体沿齿缝截面的弯曲抗拉强度实测值，$f^{c}_{tm,C}$ 为基于式(6.3) 的碱激发矿渣陶粒混凝土空心砌块砌体沿齿缝截面的弯曲抗拉强度计算值，$f^{g}_{tm,C}$ 为基于式(6.4) 的混凝土砌块砌体沿齿缝截面的弯曲抗拉强度计算值。

由表6.6和表6.7可知，《砌体结构设计规范》中表B.0.1－2所给公式不能准确预估碱激发矿渣陶砂砂浆砌筑的砌体的弯曲抗拉强度。当碱激发矿渣陶砂砂浆强度低于70.3 MPa时，砌体沿通缝截面的弯曲抗拉强度预估值偏高；当碱激发矿渣陶砂砂浆强度介于70.3 ~ 91.9 MPa时，砌体沿通缝截面的弯曲抗拉强度预估值偏低。当碱激发矿渣陶砂砂浆强度低于46.2 MPa时，砌体沿齿缝截面弯曲抗拉强度预估值偏高；当碱激发矿渣陶砂砂浆强度介于46.2 ~ 91.9 MPa时，砌体沿齿缝截面的弯曲抗拉强度预估值偏低。对于碱激发矿渣陶粒混凝土空心砌块砌体，$f^{c}_{tm,T}/f^{t}_{tm,T}$ 的平均值约为1.010，标准差为0.065，变异系数为0.064；$f^{c}_{tm,C}/f^{t}_{tm,C}$ 的平均值为1.004，标准差为0.064，变异系数为0.063，说明式(6.2) 和式(6.3) 的计算值与试验值吻合良好。

6.5 砌体的弯曲抗拉强度设计值

根据《砌体结构设计规范》，混凝土空心砌块砌体的弯曲抗拉强度设计值见表6.8。

表6.8 混凝土空心砌块砌体的弯曲抗拉强度设计值 MPa

砂浆强度等级	砌体弯曲抗拉强度设计值	
	沿通缝截面	沿齿缝截面
Mb5	0.05	0.08
Mb7.5	0.06	0.09
Mb10	0.08	0.11

混凝土空心砌块砌体沿通缝截面和沿齿缝截面的弯曲抗拉强度预估值分别按式(6.5)和式(6.6)计算，混凝土空心砌块砌体弯曲抗拉强度预估值见表6.9。

$$f_{tm,m}=0.056\sqrt{f_2}\quad(沿通缝)\tag{6.5}$$

$$f_{tm,m}=0.081\sqrt{f_2}\quad(沿齿缝)\tag{6.6}$$

式中 $f_{tm,m}$——混凝土空心砌块砌体的弯曲抗拉强度预估值；

f_2——砌筑砂浆的抗压强度平均值。

表6.9 混凝土空心砌块砌体的弯曲抗拉强度预估值 MPa

砂浆强度等级	砌体弯曲抗拉强度预估值	
	沿通缝截面	沿齿缝截面
Mb5	0.13	0.18
Mb7.5	0.15	0.22
Mb10	0.18	0.26

碱激发矿渣陶粒混凝土空心砌块砌体的弯曲抗拉强度预估值按本章相应公式计算，弯曲抗拉强度预估值与设计值的比值与普通砌体的取值相同。混凝土空心砌块砌体的弯曲抗拉强度预估值与设计值的比值见表6.10，取混凝土空心砌块砌体沿通缝截面和沿齿缝截面的弯曲抗拉强度预估值与设计值的比值分别为2.60和2.44。因此，碱激发矿渣陶粒混凝土空心砌块砌体的弯曲抗拉强度设

计值见表6.11。

表6.10　混凝土空心砌块砌体的弯曲抗拉强度预估值与设计值的比值

砂浆强度等级	砌体弯曲抗拉强度预估值与设计值的比值	
	沿通缝截面	沿齿缝截面
Mb5	2.60	2.25
Mb7.5	2.50	2.44
Mb10	2.25	2.36

表6.11　碱激发矿渣陶粒混凝土空心砌块砌体的弯曲抗拉强度预估值与设计值　MPa

砂浆强度等级	沿通缝截面弯曲抗拉强度		沿齿缝截面弯曲抗拉强度	
	预估值	设计值	预估值	设计值
Mb25	0.143	0.055	0.240	0.098
Mb35	0.317	0.122	0.465	0.191
Mb45	0.342	0.132	0.773	0.317
Mb60	0.449	0.173	1.045	0.428
Mb70	0.481	0.185	1.217	0.499
Mb90	0.540	0.208	1.256	0.515

6.6　本章小结

本章通过108个用Mb25、Mb35、Mb45、Mb60、Mb70、Mb90碱激发矿渣陶砂砂浆砌筑的碱激发矿渣陶粒混凝土空心砌块砌体的弯曲抗拉试验，得到以下主要结论：

(1)《砌体结构设计规范》中表B.0.1－2所给公式不能准确预估碱激发矿渣陶砂砂浆砌筑的砌体的弯曲抗拉强度。砂浆强度低于70.3 MPa时，砌体沿通缝截面的弯曲抗拉强度预估值偏高；砂浆强度介于70.3～91.9 MPa时，砌体沿通缝截面的弯曲抗拉强度预估值偏低。砂浆强度低于46.2 MPa时，砌体沿齿缝截面的弯曲抗拉强度预估值偏高；砂浆强度介于46.2～91.9 MPa时，砌体沿齿缝截面的弯曲抗拉强度预估值偏低。碱激发矿渣陶粒混凝土空心砌块砌体沿齿缝截面的弯曲抗拉强度高于沿通缝截面的弯曲抗拉强度。

(2) 用碱激发矿渣陶砂砂浆砌筑的碱激发矿渣陶粒混凝土空心砌块砌体的

弯曲抗拉强度不但与碱激发矿渣陶砂砂浆的抗压强度有关，而且受水灰比、砂灰比、Na_2O含量和水玻璃模数的影响。基于试验结果，分别建立了碱激发矿渣陶粒混凝土空心砌块砌体沿通缝截面和沿齿缝截面的弯曲抗拉强度的计算公式。

第7章　碱激发矿渣陶砂砂浆砌筑的空心砌块砌体的轴心抗拉性能

7.1 概　　述

通过第3章对两种不同体系激发剂激发矿渣陶砂砂浆工作性能、力学性能和干燥收缩性能的系统研究，获得了不同强度等级的碱激发矿渣陶砂砂浆的优化配比。砌筑用碱激发矿渣陶砂砂浆强度等级介于Mb20～Mb65，而常用水泥砂浆和混合砂浆强度等级介于Mb5～Mb20。碱激发矿渣陶砂砂浆砌筑的砌体与水泥砂浆和混合砂浆砌筑的砌体存在明显不同，主要表现在：① 砌筑砂浆强度等级的不同；② 碱激发矿渣陶砂砂浆的细骨料是陶砂，陶砂粒径为1 mm左右，而普通砂的粒径为0～4.75 mm，普通砂鲜明的棱角增大了相邻砌块之间的剪摩作用，陶砂光滑的表面弱化了相邻砌块之间的剪摩作用；③ 水泥砂浆和混合砂浆分别用水泥浆体、水泥+石灰的浆体作为胶凝材料，而碱激发矿渣陶砂砂浆是以碱激发矿渣浆体作为胶凝材料的，当含砂率相同时，碱激发矿渣陶砂砂浆收缩要大一些。对于碱激发矿渣陶砂砂浆自身而言，当碱激发矿渣陶砂砂浆抗压强度相同时，水灰比越大，收缩越大；砂灰比越大，收缩越小，但工作性能越差。碱性激发剂用量和水玻璃模数的不同会影响碱激发矿渣陶砂砂浆的工作性能和力学性能。综上，开展碱激发矿渣陶砂砂浆砌筑的砌体轴心受拉性能试验研究具有现实意义。

7.2 试验方案

7.2.1 碱激发矿渣陶砂砂浆

1. 砂浆的配合比

混凝土空心砌块砌体的轴心抗拉强度试验设计的砌筑浆体为碱激发矿渣陶砂砂浆，由陶砂、矿渣、水玻璃或 Na_2CO_3、NaOH 和水配制而成，有 6 个强度等级，即 Mb20、Mb30、Mb35、Mb40、Mb45 和 Mb65。其具体的配合比见表 7.1。

2. 砂浆的抗压强度

参照 3.2.3 节和 4.2.3 节中的砂浆抗压强度测试方法和相关规定，碱激发矿渣陶砂砂浆的抗压强度见表 7.2。

表 7.1 碱激发矿渣陶砂砂浆的配合比 kg/m^3

强度等级	矿渣 Ⅰ	矿渣 Ⅱ	粉煤灰	陶砂	水玻璃 Ⅱ	NaOH	Na_2CO_3	水
Mb20	—	513	—	1 069	—	24.5	6.1	220.3
Mb30	—	253	253	1 053	189.5	37.1	—	95.2
Mb35	—	276	276	975	238.7	41.0	—	135.6
Mb40	—	217	217	1 087	238.7	41.0	—	135.6
Mb45	—	447	—	1 119	189.5	37.1	—	123.5
Mb65	449	—	—	1 122	189.5	37.1	—	123.5

注：① 表中水为自来水。

② 水玻璃 Ⅱ 为液态，含水率为 64.5%。

③ 配合比计算水灰比时的水包括液态水玻璃中的水，以及 NaOH 按照 $2NaOH \longrightarrow Na_2O + H_2O$ 计算的水和自来水。

表 7.2　碱激发矿渣陶砂砂浆的抗压强度

砌筑砂浆设计强度等级	抗压强度实测平均值 /MPa	折算后抗压强度平均值 /MPa
Mb20	15.5	20.9
Mb30	25.3	34.1
Mb35	28.7	38.8
Mb40	30.3	40.9
Mb45	34.6	46.7
Mb65	48.2	65.0

注：① 试件尺寸为 70.7 mm × 70.7 mm × 70.7 mm。

② 每个强度等级的砌筑砂浆立方体的抗压试验与其相应的砌块砌体的轴心抗拉试验应同时进行。

③ 后继结果分析均采用折算后的砂浆抗压强度平均值。

7.2.2　混凝土空心砌块轴心抗拉试验

通常当砌块的强度较高而砂浆的强度较低时，砌体将产生沿齿缝截面的破坏，当砌块的强度较低而砂浆的强度较高时，砌体将产生沿砌块截面的破坏。由于本书试验所用的碱激发矿渣陶砂砂浆有部分强度等级高于空心砌块的强度等级，砌体轴心受拉试验过程中不排除出现砌块被拉断的可能，若发生砌块被拉断的情况，在砌体轴心抗拉强度计算中破坏荷载应扣除砌块被拉断所承担的荷载，并用剩余截面计算砌体的轴心抗拉强度，因此需进行砌块的轴心受拉试验。

1. 试件设计

取尺寸为 390 mm × 190 mm × 190 mm 的主砌块为研究对象。受拉钢筋选用 ϕ16 mmHRB600，端部留有 20 mm 长外螺纹，在主砌块宽面中心钻孔直径20 mm，穿入受拉钢筋，受拉钢筋深入砌块空心孔洞内 6 ~ 7 cm，端部设置锚固板（尺寸为 60 mm × 60 mm × 16 mm），在孔中塞苯板至受拉钢筋端部，然后在该孔中浇筑混凝土，待混凝土硬化后取出聚苯乙烯泡沫板，如图 7.1 所示。

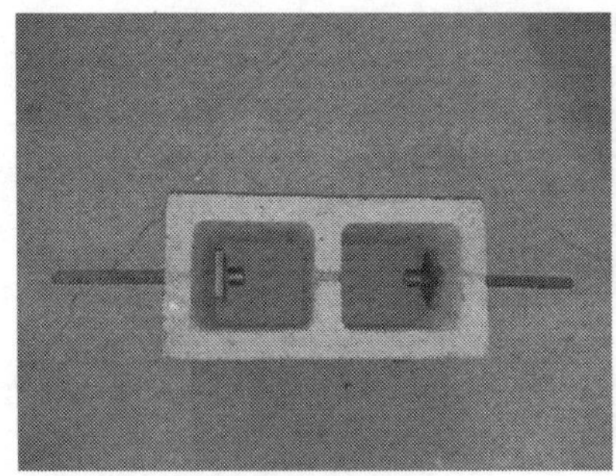
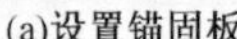
(a)设置锚固板

(b)填充聚苯乙烯泡沫板

(c)浇筑混凝土

(d)混凝土硬化后拆除苯板

图 7.1　混凝土空心砌块轴拉试件

2. 试验装置和加载方案

砌块轴拉加载架由2块钢板、4根高强螺杆及螺杆配套螺母3部分组成，如图7.2所示。在两块钢板中心和四角开孔，使孔径分别为50 mm和25 mm。直径为22 mm的高强螺杆穿过钢板四角处孔，并通过配套螺母固定钢板位置。参照图7.2(b)所示的构造来安装轴心受拉砌块试件，其中钢垫板直径为200 mm，厚度为50 mm，中间孔洞直径为30 mm，起垫板作用；锚具分别夹紧两端受力钢筋，限制其移动，穿心式千斤顶拉拔一端钢筋以施加轴心拉力。使用ZY－50T型锚杆拉力计进行加载，使用10 t拉压式负荷传感器及DH3820高速静态应变测试分析系统组成的测试系统来测定破坏荷载。

3. 砌块轴心抗拉强度

选取6个混凝土空心砌块进行轴心受拉破坏，砌块的破坏均发生在孔洞未浇筑混凝土处，一裂即坏，为脆性破坏。空心砌块的轴心受拉破坏荷载见表7.3。砌块轴心抗拉破坏荷载的离散性较大，变异系数为 0.307，破坏荷载的最小值为 16.3 kN。

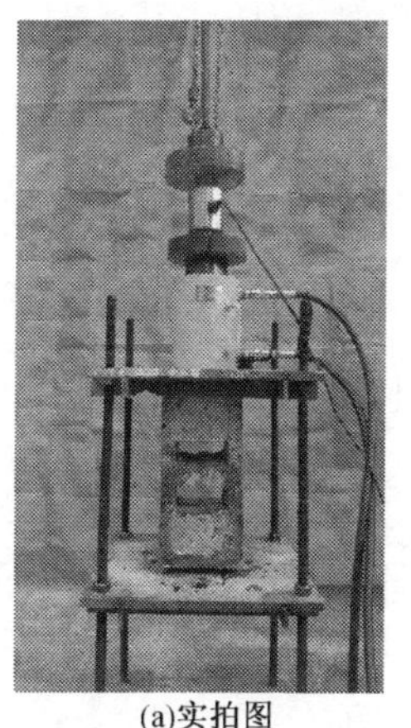

(a)实拍图

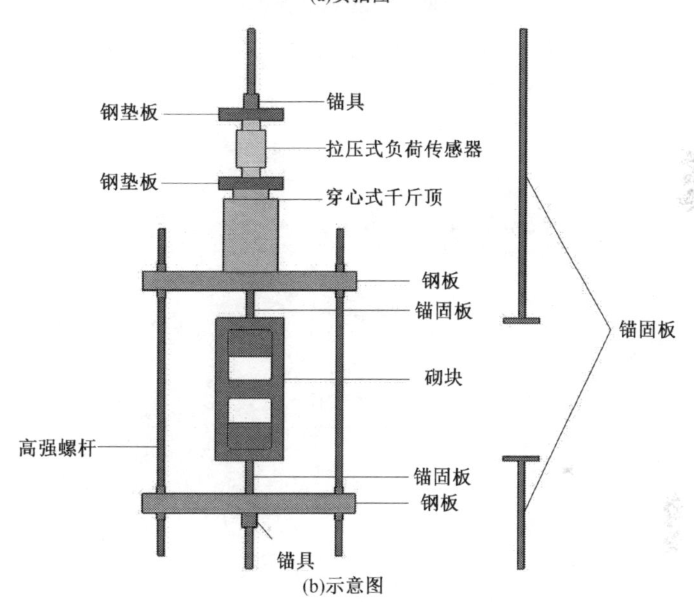

(b)示意图

图 7.2　混凝土空心砌块轴拉试验装置

表 7.3　空心砌块的轴心受拉破坏荷载

砌块强度等级	MU20					
砌块组号	1	2	3	4	5	6
轴心受拉破坏荷载 /kN	35.6	18.5	32.7	22.3	16.3	29.6
平均值 /kN	25.8					
变异系数	0.307					

7.2.3 砌体轴心抗拉试验

1.试件设计与制作

由于《砌体基本力学性能试验方法标准》中没有砌体轴心抗拉强度试验方法,因此,混凝土空心砌块砌体的轴心抗拉试件尺寸借鉴沿齿缝截面弯曲的抗拉试件尺寸,即1 390 mm × 190 mm × 790 mm。本书采用在墙片端孔灌注混凝土并对锚固于端孔混凝土的水平钢筋施加轴心拉力的方式来实现混凝土空心砌块砌体的轴心受拉,如图7.3所示。试件由同一名中等技术水平的瓦工砌筑,当砌筑完第二皮时,放置受拉钢筋和纵筋,然后继续砌筑,砌筑完成后养护3 d,试件两端边孔灌注混凝土。为方便后期试验时进行吊装,在试件两端灌孔孔洞处设置吊环。

(a)试件尺寸(单位为mm)　　(b)试件养护

图7.3　混凝土空心砌块砌体轴心受拉试件

为施加轴心拉力对试件端部预埋受拉钢筋并后浇混凝土。试件端部砌块孔洞四角放置4根765 mm的ϕ10 mmHPB300,在试件190 mm × 790 mm面中心处开洞,穿入ϕ16 mmHRB600受拉钢筋。受拉钢筋锚固采用了两种方案:受拉钢筋为L形钢筋和受拉钢筋端部焊接锚固板。方案一为L形钢筋,如图7.4所示,钢筋规格为ϕ16 mmHRB600,弯折段长度为200 mm,直线段长度为400 mm,直线段端部加工20 mm长的外螺纹,预埋L形钢筋轴心受拉试件示意图如图7.5所示;

方案二为带锚固板的钢筋,如图 7.6 所示,锚固板尺寸为 60 mm × 60 mm,厚度为 16 mm,中心钻眼,采用栓塞焊焊接 $\phi16$ mmHRB600 钢筋,钢筋伸出试件侧端头加工 20 mm 长的外螺纹,预埋锚固板轴心受拉试件示意图如图 7.7 所示。

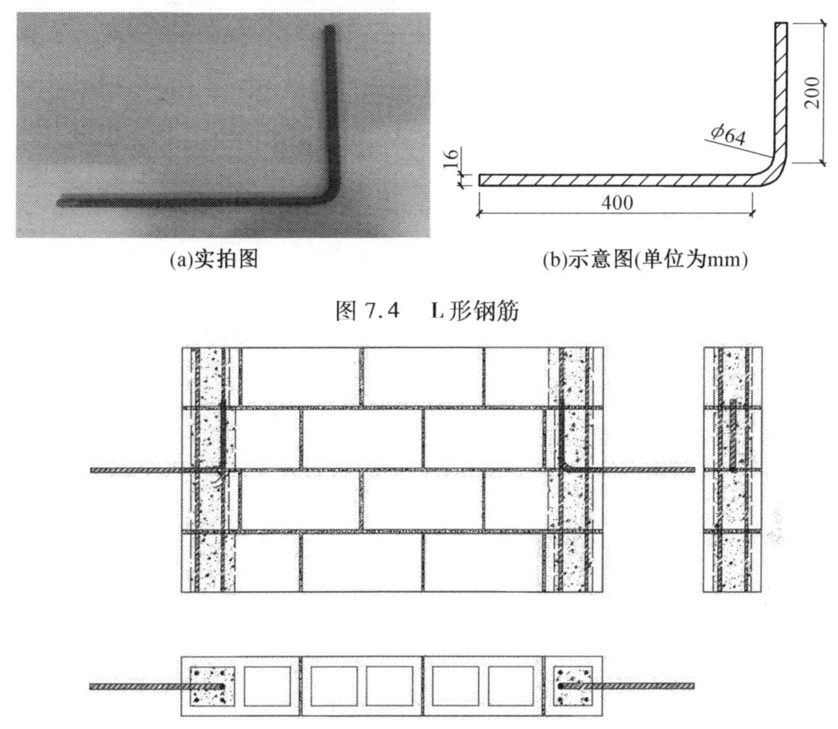

(a)实拍图　　(b)示意图(单位为mm)

图 7.4　L 形钢筋

图 7.5　预埋 L 形钢筋轴心受拉试件示意图

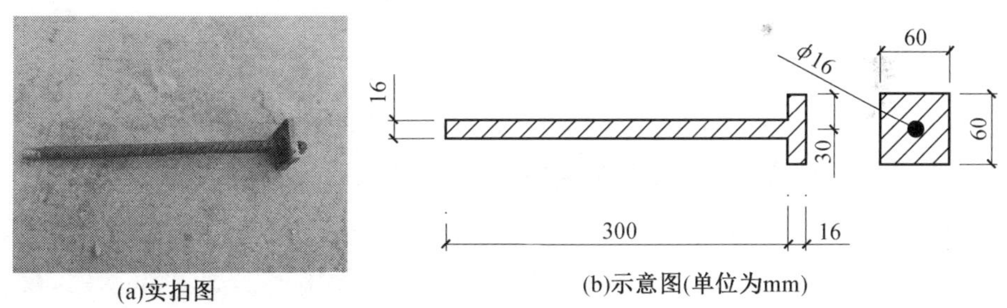

(a)实拍图　　(b)示意图(单位为mm)

图 7.6　带锚固板的钢筋

试验设计了 6 个强度等级的碱激发矿渣陶砂砂浆砌筑的混凝土空心砌块砌体的轴心抗拉试验,共使用 60 个试件。轴心抗拉试件的主要参数见表 7.4。

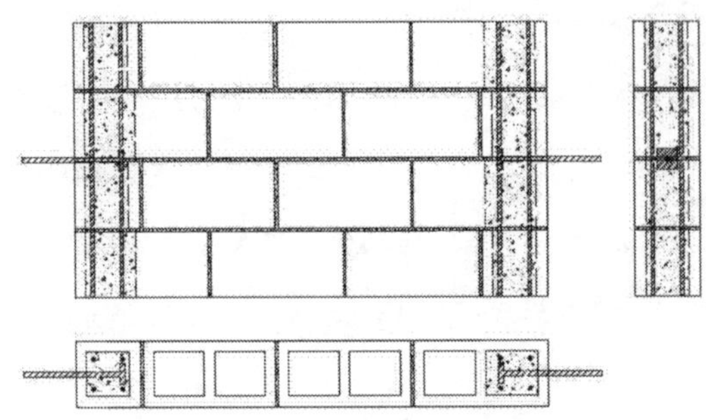

图 7.7　预埋锚固板轴心受拉试件示意图

表 7.4　砌块砌体轴心抗拉试件的主要参数

砌块强度等级	砌筑砂浆强度等级	砌筑砂浆折算后的抗压强度平均值/MPa	试件数量/个		水平灰缝厚度/mm
			方案一	方案二	
MU20	Mb20	20.9	5	5	4 ~ 7
MU20	Mb30	34.1	—	11	4 ~ 7
MU20	Mb35	38.8	2	8	4 ~ 7
MU20	Mb40	40.9	—	9	4 ~ 7
MU20	Mb45	46.7	—	11	4 ~ 7
MU20	Mb65	65.0	—	9	4 ~ 7

2. 试验装置和加载方案

考虑到试件体积大、质量大,若采用竖向施加拉力的方法,受自重的影响较大,且破坏时属脆性破坏,无明显征兆,具有一定的安全隐患,故采取水平向施加拉力的方法。试验装置如图7.8所示,水平放置反力架,横梁中心钻孔,钻孔孔径为25 mm,大于钢筋直径,防止因摩擦产生阻力;设置活动钢筋,两端各加工20 mm长的外螺纹,以便通过钢筋螺纹套筒与受拉钢筋连接,从而对受拉钢筋进行接长,活动钢筋型号及直径均与试件预埋受拉钢筋相同,为 ϕ16 mmHRB600,活动钢筋分为1.5 m与0.8 m两种长度,穿过横梁孔洞,其中一侧活动钢筋作为穿心式千斤顶的持力筋,并挂置压力传感器。

试验前在试件上四分点位置进行截面尺寸测量。试验时使用吊车平移试件至加载装置内,底部放置地坦克,以减小摩擦力对试验的影响;活动钢筋穿过横梁孔洞,与试件预埋的受拉钢筋使用套筒进行连接,横梁外侧使用套筒拧紧以限制活动钢筋的位移；使用穿心式千斤顶进行加载；通过穿心式力传感器及 DH3820 高速静态应变测试分析系统组成的测试系统测定破坏荷载，记录试件破坏特征。

(a)试验装置前端正面实拍图

(b)试验装置后端正面实拍图

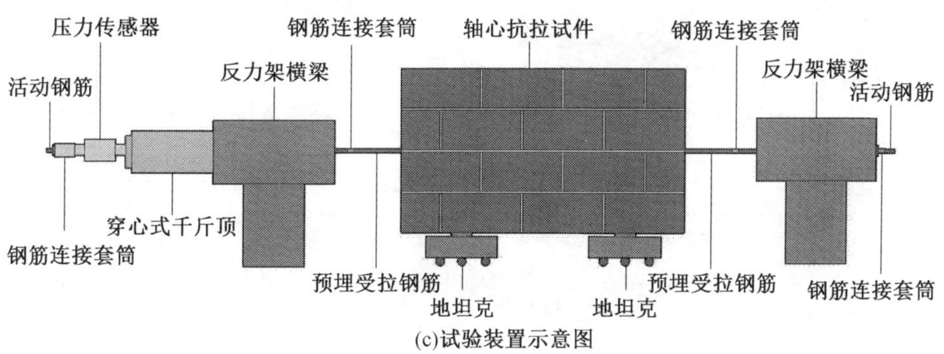

(c)试验装置示意图

图 7.8　混凝土空心砌块砌体的轴心受拉试验装置

7.3　试验现象

轴心受拉试件在破坏前，试件表面没有明显裂纹，无明显的破坏征兆。当试件破坏时，伴随着响声发出，试件破坏为两部分并向两端滑移，同时荷载增至最大后突然降至零，最大荷载为破坏荷载。试件一裂即坏，为典型的脆性破坏。混凝土空心砌块砌体的轴心受拉试验中有 6 种典型的破坏形式，3 种沿齿缝破坏和 3 种砌块被拉断破坏如图 7.9 所示。发生砌块破坏的情况，分析可能是由于被拉断砌块强度低于 MU20 预估的强度。

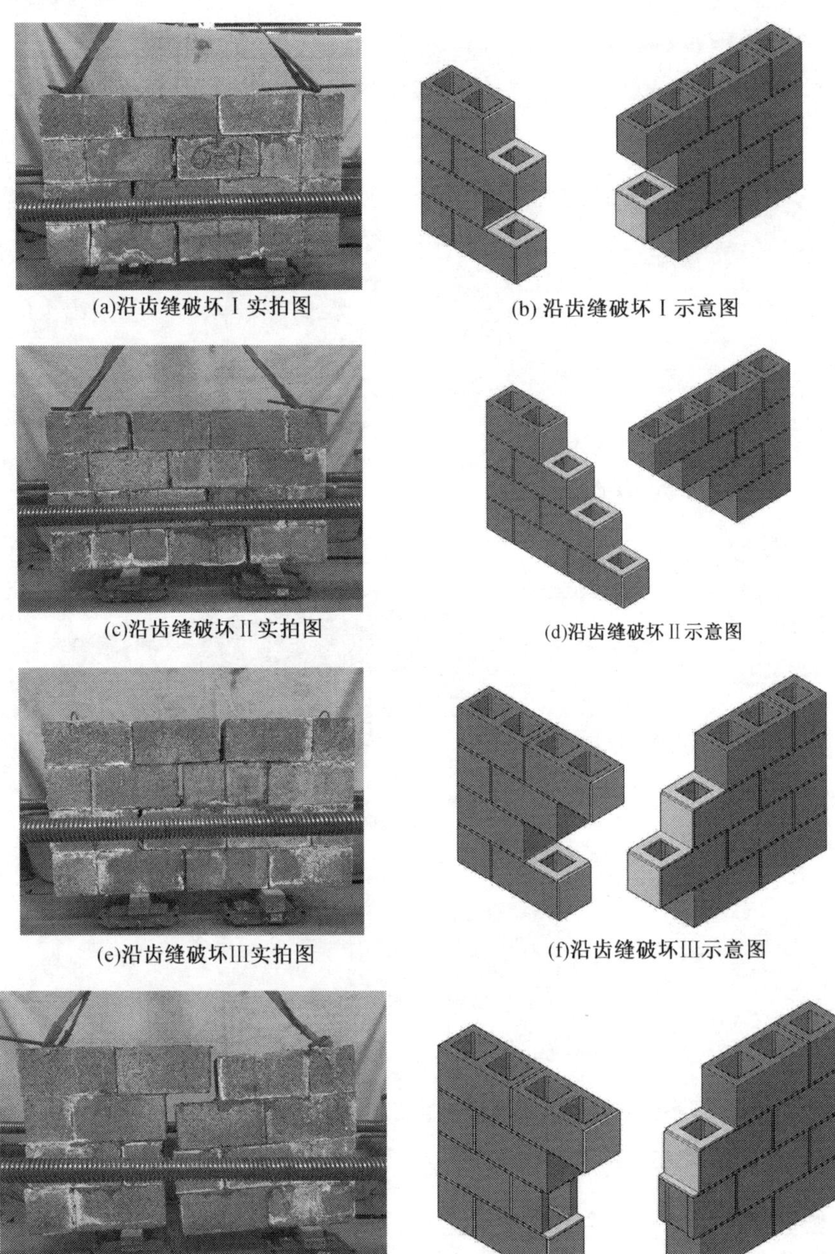

(a)沿齿缝破坏Ⅰ实拍图　(b) 沿齿缝破坏Ⅰ示意图

(c)沿齿缝破坏Ⅱ实拍图　(d)沿齿缝破坏Ⅱ示意图

(e)沿齿缝破坏Ⅲ实拍图　(f)沿齿缝破坏Ⅲ示意图

(g)有1个砌块被拉断破坏实拍图　(h) 有1个砌块被拉断破坏示意图

图 7.9　混凝土空心砌块砌体轴心受拉试件破坏形态

(i)有2个砌块被拉断破坏实拍图

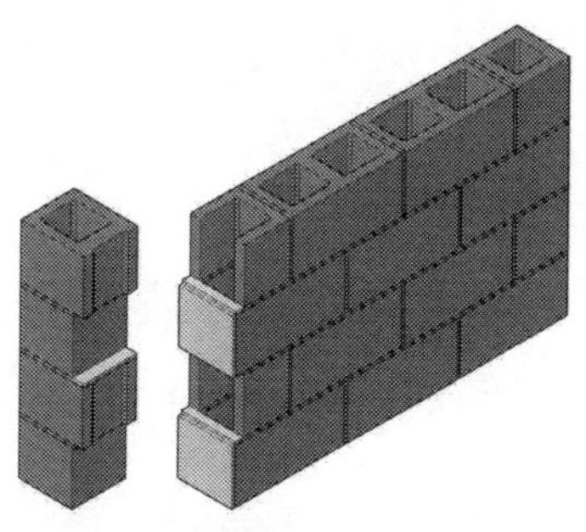
(j)有2个砌块被拉断破坏示意图

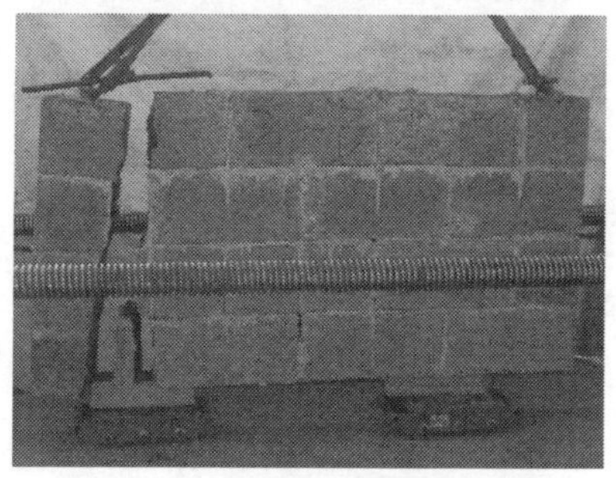
(k)有3个砌块被拉断破坏实拍图

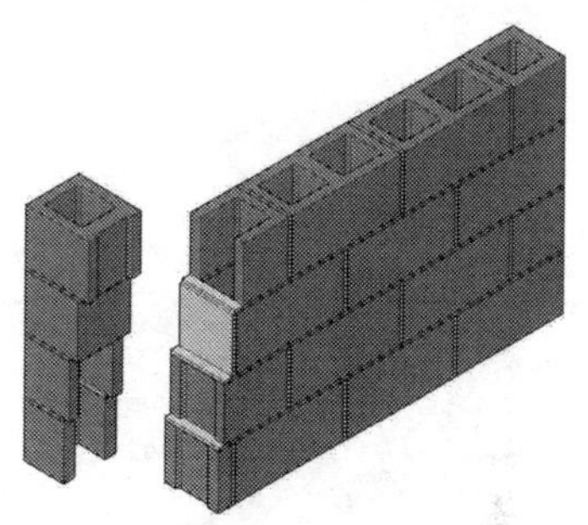
(l)有3个砌块被拉断破坏示意图

续图 7.9

7.4　试验结果与分析

7.4.1　砌体轴心抗拉强度

混凝土空心砌块砌体单个试件的轴心抗拉强度 $f_{t,i}$ 的计算公式如下：

$$f_{t,i} = \frac{N_t}{bh} \tag{7.1}$$

式中　$f_{t,i}$—— 试件的轴心抗拉强度，MPa；

N_t—— 试件的轴心抗拉试验破坏荷载（当有砌块被拉断时，扣除被拉断砌块承受的破坏荷载），N；

b—— 试件的截面宽度，mm；

h—— 试件的截面高度，mm（当有砌块被拉断时扣除被拉断砌块沿墙高方向的边长）。

砌块砌体的轴心抗拉试验结果见表7.5。由表7.5可知,不同碱激发矿渣陶砂砂浆砌筑的空心砌块砌体的轴心抗拉强度随着碱激发矿渣陶砂砂浆抗压强度的增大而增大。

表7.5　砌块砌体的轴心抗拉试验结果

砌筑砂浆强度等级	f_2/MPa	W	S	N	n	$f_{t,m}$/MPa
Mb20	20.9	0.440	2.083	0.044	—	0.153
Mb30	34.1	0.440	2.083	0.088	1.162	0.193
Mb35	38.8	0.448	1.763	0.079	1.260	0.259
Mb40	40.9	0.529	2.500	0.093	1.260	0.325
Mb45	46.7	0.495	2.500	0.088	1.162	0.336
Mb65	65.0	0.495	2.500	0.088	1.162	0.419

注:f_2为碱激发矿渣陶砂砂浆折算后的抗压强度;W为水灰比;S为砂灰比;N为Na_2O含量;n为水玻璃模数;$f_{t,m}$为砌体的轴心抗拉强度实测平均值。

7.4.2　轴心抗拉强度平均值计算公式

以水灰比与砂灰比乘积WS和水玻璃模数与Na_2O含量乘积nN为横坐标,以$f_{t,m}/\sqrt{f_2}$为纵坐标建立坐标系。将水灰比介于0.44～0.53、砂灰比介于1.76～2.50、Na_2O含量介于4.4%～9.3%、水玻璃模数介于0～1.26和碱激发矿渣陶砂砂浆折算后的抗压强度介于20.9～65.0 MPa的轴心抗拉强度实测值置于坐标系中,发现当$0 \leqslant nN < 0.10$时,$f_{t,m}/\sqrt{f_2}$随着W或S的增加而减小;当$0.10 \leqslant nN \leqslant 0.12$时,$f_{t,m}/\sqrt{f_2}$随着$W$或$S$的增加而增大。当$-0.10 \leqslant WS - 7.382nN < 0.51$时,$f_{t,m}/\sqrt{f_2}$随着$n$或$N$的增加而减小;当$0.51 \leqslant WS - 7.382nN \leqslant 1.33$时,$f_{t,m}/\sqrt{f_2}$随着$n$或$N$的增加而增大。$Na_2O$含量和水玻璃模数均存在一个最佳掺量,过量的$Na_2O$导致反应过程中产生饱和的$Na^+$,过量存在的$Na^+$并没有形成稳定性产物而导致力学性能降低;增大水玻璃模数可以提高SiO_4^{4-}的含量,从而产生更多的水化硅(铝)酸钙,提高碱激发矿渣陶砂砂浆的抗压强度,而过高的水玻璃模数会形成过多的SiO_4^{4-},不利于矿渣的解聚与聚合,降低了砂浆的强度。结合图7.10,拟合得到下列用碱激发矿渣陶砂砂浆作为砌筑

砂浆的混凝土空心砌块砌体轴心抗拉强度的计算公式：

$$f_{t,m}=(-5.841nN-1.048WS+10.81WSnN+39.9n^2N^2+0.994)\sqrt{f_2} \tag{7.2}$$

式中　$f_{t,m}$——碱激发矿渣陶砂砂浆作为砌筑砂浆的砌块砌体轴心抗拉强度，MPa；

f_2——碱激发矿渣陶砂砂浆的折算后抗压强度，MPa；

n——水玻璃模数；

N——激发剂中的 Na_2O 含量；

W——碱激发矿渣陶砂砂浆配合比中的水灰比；

S——碱激发矿渣陶砂砂浆配合比中的砂灰比。

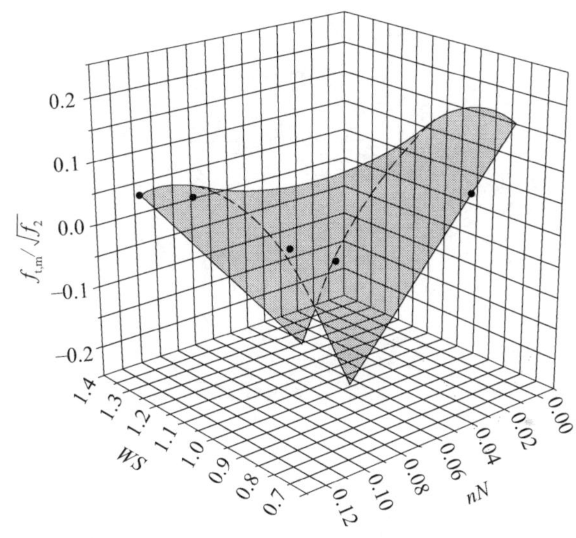

图 7.10　水灰比、砂灰比、水玻璃模量、Na_2O 含量和砂浆折算后抗压强度对砌块砌体轴心抗拉强度的影响

当 Na_2O 含量介于4.4% ~9.3% 和水玻璃模数介于0 ~1.26 时，Na_2O 含量和水玻璃模数的变化对碱激发矿渣陶砂砂浆的保水性能有一定的影响。

7.4.3 轴心抗拉强度实测值、拟合公式计算值与规范公式计算值对比

依据《砌体结构设计规范》(GB 50003—2011),砌体轴心抗拉强度的计算公式为

$$f_{t,m}=k_3\sqrt{f_2} \tag{7.3}$$

式中 $f_{t,m}$—— 砌体轴心抗拉强度,MPa;

f_2—— 砂浆抗压强度,MPa;

k_3—— 与块体类别有关的系数,对于混凝土砌块,k_3 取 0.069。

将砌体轴心抗拉强度实测值、拟合公式计算值和规范公式计算值进行对比分析,见表7.6。由表7.6可知,碱激发矿渣陶砂砂浆砌筑的空心砌块砌体的轴心抗拉强度实测值均低于式(7.3)的计算值,这是由于碱激发矿渣陶砂砂浆的干燥收缩大于硅酸盐水泥砂浆的干燥收缩,且碱激发矿渣陶砂砂浆中陶砂采用的是具有光滑表面的球形陶砂,与有鲜明棱角的普通砂相比,相邻砌块之间的剪摩作用变弱。用碱激发矿渣陶砂砂浆砌筑空心砌块砌体的 $f^c_{t,m}/f^t_{t,m}$ 的平均值约为 0.992,标准差为 0.022,变异系数为 0.022,表明式(7.2)可以预估碱激发矿渣陶砂砂浆砌筑的空心砌块砌体的轴心抗拉强度。

表 7.6 砌块砌体轴心抗拉强度实测值、拟合公式计算值和规范公式计算值的对比

f_2/MPa	$f^t_{t,m}$/MPa	$f^c_{t,m}$/MPa	$f^c_{t,m}/f^t_{t,m}$	$f^g_{t,m}$/MPa
20.9	0.153	0.151	0.986	0.316
34.1	0.193	0.187	0.969	0.403
38.8	0.259	0.260	1.007	0.430
40.9	0.325	0.326	1.003	0.442
46.7	0.336	0.343	1.021	0.471
65.0	0.419	0.405	0.968	0.556

注:f_2 为碱激发矿渣陶砂砂浆的折算后抗压强度;$f^t_{t,m}$ 为空心砌块砌体的轴心抗拉强度实测值;$f^c_{t,m}$ 为基于式(7.2)的空心砌块砌体的轴心抗拉强度计算值;$f^g_{t,m}$ 为基于式(7.3)的混凝土砌块砌体的轴心抗拉强度计算值。

7.5　砌体的轴心抗拉强度设计值

根据《砌体结构设计规范》(GB 50003—2011)，混凝土空心砌块砌体的轴心抗拉强度设计值见表7.7。

表7.7　混凝土空心砌块砌体的轴心抗拉强度设计值　MPa

砂浆强度等级	Mb10	Mb7.5	Mb5
砌体的轴心抗拉强度设计值	0.09	0.08	0.07

混凝土空心砌块砌体的轴心抗拉强度预估值按式(7.4)计算，混凝土空心砌块砌体的轴心抗拉强度预估值见表7.8。

$$f_{t,m} = 0.069\sqrt{f_2} \tag{7.4}$$

式中　$f_{t,m}$——混凝土空心砌块砌体的轴心抗拉强度预估值；

f_2——砌筑砂浆抗压强度平均值。

表7.8　混凝土空心砌块砌体的轴心抗拉强度预估值　MPa

砂浆强度等级	Mb10	Mb7.5	Mb5
砌体的轴心抗拉强度预估值	0.22	0.19	0.15

碱激发矿渣陶粒混凝土空心砌块砌体的轴心抗拉强度预估值按本章相应公式计算，轴心抗拉强度预估值与设计值的比值与普通砌体的取值相同。混凝土空心砌块砌体的轴心抗拉强度预估值与设计值的比值见表7.9，取混凝土空心砌块砌体的轴心抗拉强度预估值与设计值的比值为2.44。因此，碱激发矿渣陶粒混凝土空心砌块砌体的轴心抗拉强度预估值与设计值见表7.10。

表7.9　混凝土空心砌块砌体的轴心抗拉强度预估值与设计值的比值

砂浆强度等级	Mb10	Mb7.5	Mb5
砌体的轴心抗拉强度预估值与设计值的比值	2.44	2.38	2.14

表7.10　碱激发矿渣陶粒混凝土空心砌块砌体的轴心抗拉强度预估值与设计值　MPa

砂浆强度等级	砌体的轴心抗拉强度预估值	砌体的轴心抗拉强度设计值
Mb20	0.151	0.062
Mb30	0.187	0.077

续表7.10

砂浆强度等级	砌体的轴心抗拉强度预估值	砌体的轴心抗拉强度设计值
Mb35	0.260	0.107
Mb40	0.326	0.134
Mb45	0.343	0.141
Mb65	0.405	0.166

7.6 本章小结

本章通过对 60 个由强度等级为 MU20 的空心砌块和强度等级为 Mb20、Mb30、Mb35、Mb40、Mb45 和 Mb65 的碱激发矿渣陶砂砂浆砌筑的空心砌块砌体试件的轴心抗拉试验,采用在墙片端孔灌注混凝土并对锚固于端孔混凝土的水平钢筋施加轴心拉力,得到以下主要结论:

(1) 用碱激发矿渣陶砂砂浆砌筑的空心砌块砌体的轴心受拉试验破坏存在沿灰缝破坏和沿灰缝及砌块断裂面破坏两种形式。砌块之所以被拉断,是由于其强度低于 MU20 的预估强度。

(2) 通过分析水灰比、砂灰比、Na_2O 含量、水玻璃模数和碱激发矿渣陶砂砂浆的抗压强度对空心砌块砌体轴心抗拉强度的影响,建立了考虑各关键参数影响的空心砌块砌体轴心抗拉强度的计算公式。

(3) 碱激发矿渣陶砂砂浆砌筑的空心砌块砌体的轴心抗拉强度低于常规砂浆或混合砂浆砌筑的砌体的轴心抗拉强度。

参 考 文 献

[1] 徐永模,庄剑英. 三十年回顾　新时代展望——从北京市墙材革新30年发展历程谈起[J]. 混凝土世界,2019(2):12-16.

[2] 郑文忠,焦贞贞,王英,等. 碱激发矿渣陶粒混凝土空心砌块砌体抗剪试验[J]. 哈尔滨工业大学学报,2018,50(12):165-170.

[3] 朱晶. 碱矿渣胶凝材料耐高温性能及其在工程中应用基础研究[D]. 哈尔滨:哈尔滨工业大学,2014:25-69.

[4] 顾亚敏,方永浩. 碱矿渣水泥的收缩与开裂特性及其减缩与增韧[J]. 硅酸盐学报,2012(1):76-84.

[5] 郑文忠,朱晶. 碱矿渣胶凝材料结构工程应用基础[M]. 哈尔滨:哈尔滨工业大学出版社,2015:1-30.

[6] KOVTUN M,KEARSLEY E P,SHEKHOVTSOVA J. Chemical acceleration of a neutral granulated blast-furnace slag activated by sodium carbonate[J]. Cement and Concrete Research,2015,72:1-9.

[7] 陆秋艳. 人造矿物聚合物的制备及其应用研究[D]. 福州:福州大学,2005:22-45.

[8] ZIVICA V. Effects of type and dosage of alkaline activator and temperature on the properties of alkali-activated slag mixtures[J]. Construction and Building Materials,2007,21(7):1463-1469.

[9] GU Y,FANG Y,YOU D,et al. Properties and microstructure of alkali-activated slag cement cured at below- and about-normal temperature[J]. Construction and Building Materials,2015,79:1-8.

[10] WANG W C,WANG H Y,LO M H. The fresh and engineering properties of alkali activated slag as a function of fly ash replacement and alkali

concentration[J]. Construction and Building Materials,2015,84:224-229.

[11] LEE N K,LEE H K. Setting and mechanical properties of alkali-activated fly ash/slag concrete manufactured at room temperature[J]. Construction and Building Materials,2013,47(5):1201-1209.

[12] ALLAHVERDI A,KANI E N,YAZDANIPOUR M. Effects of blast-furnace slag on natural pozzolan-based geopolymer cement[J]. Ceramics-Silikáty, 2011,1(55):68-78.

[13] KARAKOÇ M B,TÜRKMEN I,MARAŞ M M,et al. Mechanical properties and setting time of ferrochrome slag based geopolymer paste and mortar[J]. Construction and Building Materials,2014,72:283-292.

[14] 叶家元,张文生,史迪. 钙对碱激发胶凝材料的促凝增强作用[J]. 硅酸盐学报,2017,45(8):1101-1112.

[15] 贾屹海. Na－粉煤灰地质聚合物制备与性能研究[D]. 北京:中国矿业大学,2009:21-35.

[16] COLLINS F G,SANJAYAN J G. Workability and mechanical properties of alkali activated slag concrete[J]. Cement and Concrete Research,1999, 29(3):455-458.

[17] AYDIN S,BARADAN B. Effect of activator type and content on properties of alkali-activated slag mortars[J]. Composites Part B:Engineering,2014,57: 166-172.

[18] 殷素红,赵三银,严琳,等. 碱激发碳酸盐－矿渣复合灌浆材料的工作性能[J]. 硅酸盐通报,2007(2):301-306.

[19] 姚运. 外加剂对碱激发粉煤灰材料性能的影响研究[J]. 粉煤灰综合利用, 2018(3):15-17.

[20] 张兰芳,张永,曹胜. 碱激发矿渣－石灰石粉砂浆的性能研究[J]. 混凝土与水泥制品,2016(11):6-8.

[21] PROVIS J L,PALOMO A,SHI C. Advances in understanding alkali-activated materials[J]. Cement and Concrete Research,2015,78:110-125.

[22] BURCIAGA-DÍAZ O,GÓMEZ-ZAMORANO L Y,ESCALANTE-GARCÍA J I.

Influence of the long term curing temperature on the hydration of alkaline binders of blast furnace slag-metakaolin[J]. Construction and Building Materials,2016,113:917-926.

[23] RASHAD A M,ZEEDAN S R,HASSAN A A. Influence of the activator concentration of sodium silicate on the thermal properties of alkali-activated slag pastes[J]. Construction and Building Materials,2016,102:811-820.

[24] RAVIKUMAR D,NEITHALATH N. Effects of activator characteristics on the reaction product formation in slag binders activated using alkali silicate powder and NaOH[J]. Cement and Concrete Composites,2012,34(7): 809-818.

[25] SONG S,HAMLIN J. Pore solution chemistry of alkali-activated ground granulated blast-furnace slag[J]. Cement and Concrete Research,1999, 29(2):159-170.

[26] 郑文忠,陈伟宏,王英. 碱矿渣胶凝材料的耐高温性能[J]. 华中科技大学学报(自然科学版),2009(10):96-99.

[27] 沈宝镜. 碱激发矿渣水泥抗海水侵蚀性能的研究[D]. 西安:西安建筑科技大学,2011:19-27.

[28] ANDINI S,CIOFFI R,COLANGELO F,et al. Coal fly ash as raw material for the manufacture of geopolymer-based products[J]. Waste Management, 2008,28(2):416-423.

[29] 赵美杰. 碱激发矿渣胶凝材料的低温力学性能[D]. 哈尔滨:哈尔滨工业大学,2017:26-34.

[30] LEE N K,JANG J G,LEE H K. Shrinkage characteristics of alkali-activated fly ash/slag paste and mortar at early ages[J]. Cement and Concrete Composites,2014,53:239-248.

[31] MELO NETO A A,CINCOTTO M A,REPETTE W. Drying and autogenous shrinkage of pastes and mortars with activated slag cement[J]. Cement and Concrete Research,2008,38(4):565-574.

[32] 郑娟荣,姚振亚,刘丽娜. 碱激发胶凝材料化学收缩或膨胀的试验研究[J].

硅酸盐通报,2009(1):49-53.

[33] 钱益想. 粉煤灰地聚合物收缩性能试验研究[D]. 长沙:长沙理工大学,2017:31-75.

[34] 陈科,杨长辉,潘群,等. 碱 - 矿渣水泥砂浆的干缩特性[J]. 重庆大学学报,2012(5):64-68.

[35] KRIZAN D,BRANISLAV Z. Effects of dosage and modulus of water glass on early hydration of alkali - slag cements[J]. Cement and Concrete Research,2002,32(8):1181-1188.

[36] 史才军,巴维尔·克利文科,戴拉·罗伊,等. 碱 - 激发水泥和混凝土[M]. 北京:化学工业出版社,2008:153-188.

[37] SHI C. Strength,pore structure and permeability of alkali-activated slag mortars[J]. Cement and Concrete Research,1996,26(12):1789-1799.

[38] 曹定国,蔡良才,吴永根,等. 碱 - 矿渣制备高性能无机聚合物混凝土试验研究[J]. 混凝土,2011(5):84-87.

[39] CHI M. Effects of dosage of alkali-activated solution and curing conditions on the properties and durability of alkali-activated slag concrete[J]. Construction and Building Materials,2012,35(10):240-245.

[40] BAKHAREV T,SANJAYAN J G,CHENG Y B. Sulfate attack on alkali-activated slag concrete[J]. Cement and Concrete Research,2002,32(2):211-216.

[41] FU Y,CAI L,WU Y. Freeze - thaw cycle test and damage mechanics models of alkali-activated slag concrete[J]. Construction and Building Materials,2011,25(7):3144-3148.

[42] 焦贞贞. 含钙地质聚合物的制备与性能研究[D]. 哈尔滨:哈尔滨工业大学,2013:39-55.

[43] 马鸿文,杨静,任玉峰,等. 矿物聚合材料:研究现状与发展前景[J]. 地学前缘,2002,9(4):397-407.

[44] PACHECO-TORGAL F,CASTRO-GOMES J,JALALI S. Alkali-activated binders:A review:part 1. historical background,terminology,reaction

mechanisms and hydration products [J]. Construction and Building Materials,2008,22(7):1305-1314.

[45] SOFI M,DEVENTER J S J V,MENDIS P A,et al. Engineering properties of inorganic polymer concretes (IPCs) [J]. Cement and Concrete Research, 2007,37(2):251-257.

[46] BAKHAREV T. Resistance of geopolymer materials to acid attack [J]. Cement and Concrete Research,2005,35(4):658-670.

[47] BAKHAREV T. Durability of geopolymer materials in sodium and magnesium sulfate solutions [J]. Cement and Concrete Research,2005,35(6): 1233-1246.

[48] 王旻,覃维祖. 化学激发胶凝材料用于CFRP加固混凝土柱的研究[J]. 施工技术,2007,36(3):73-75.

[49] 张云升,孙伟,李宗津. 地聚合物胶凝材料的组成设计和结构特征[J]. 硅酸盐学报,2008(S1):153-159.

[50] 王亚超,张耀君,徐德龙. 碱激发硅灰 - 粉煤灰基矿物聚合物的研究[J]. 硅酸盐通报,2011,30(1):50-54.

[51] 卢珺,康春阳,李秋,等. 偏硅酸钠激发胶凝材料性能及微观结构[J]. 硅酸盐通报,2017(10):3412-3416.

[52] 马骁. 基于无机聚合物水泥的新型高性能轻骨料混凝土的制备与性能研究[D]. 长沙:中南大学,2012:25-27.

[53] 王聪. 碱激发胶凝材料的性能研究[D]. 哈尔滨:哈尔滨工业大学,2006: 20-34.

[54] WANG SHAODONG,SCRIVENER K L. Hydration products of alkali-activated slag cement [J]. Cement and Concrete Research,1995,25(3):561-571.

[55] PALOMO A,GRUTZECK M W,BLANCO M T. Alkali-activated fly ashes:a cement for the future [J]. Cement and Concrete Research,1999,29(8): 1323-1329.

[56] DUXSON P,PROVIS J L,LUKEY G C,et al. Understanding the relationship between geopolymer composition,microstructure and mechanical properties

[J]. Colloids and Surfaces A Physicochemical and Engineering Aspects, 2005,269(1/2/3):47-58.

[57] DAVIDOVITS J. Geopolymers and geopolymeric materials [J]. J. Therm. Anal. Calorimetry,1989,35(2):429-441.

[58] 王爱国,孙道胜,胡普华,等. 碱激发偏高岭土制备土聚水泥的试验研究[J]. 合肥工业大学学报,2008(4):617-621.

[59] BONDAR D,LYNSDALE C J,MILESTONE N B,et al. Effect of type,form, and dosage of activators on strength of alkali-activated natural pozzolans [J]. Cement and Concrete Composites,2011,33(2):251-260.

[60] CHI M,HUANG R. Binding mechanism and properties of alkali-activated fly ash/slag mortars [J]. Construction and Building Materials,2013,40(3):291-298.

[61] 周梅,王传洲,李再文,等. 基于正交及响应曲面设计的自燃煤矸石地质聚合物配体优化[J]. 硅酸盐通报,2013,32(7):1258-1268.

[62] DAVIDOVITS J. Geopolymers:inorganic polymeric new materials [J]. Journal of Thermal Analysis and Calorinetry,1991,37(8):1633-1656.

[63] HAJIMOHAMMADI A,PROVIS J L,Van Deventer J S J. Effect of alumina release rate on the mechanism of geopolymer gel formation [J]. Chemistry of Materials,2010,22(18):5199-5208.

[64] 牛福生,聂铁苗,张锦瑞. 地质聚合物中常用的矿渣激发剂及激发机理[J]. 混凝土,2009 (11):83-85.

[65] 常利. Na – 粉煤灰基地聚合物胶凝材料的制备及性能研究[D]. 西安:长安大学,2015:21-38.

[66] BARBOSA V F F,MACKENZIE K J D,THAUMATURGO C. Synthesis and characterization of materials based on inorganic polymers of alumina and silica:sodium polysialate polymers [J]. International Journal of Inorganic Materials,2000,2(4):309-317.

[67] 李硕,彭小芹,贺芳. 地聚合物胶凝材料的性能研究[J]. 硅酸盐通报,2010,28 (2):39-44.

[68] 王亚超,张耀君,徐德龙.碱激发硅灰－粉煤灰基矿物聚合物的研究[J].硅酸盐通报,2011,30(1):50-54.

[69] SHI C,JIMENEZ A F,PALOMO A. New cements for the 21st century:the pursuit of an alternative to Portland cement[J]. Cement and Concrete Research,2011,41(7):750-763.

[70] GLUKHOVSKY V D. Soil silicates,their properties,technology and manufacturing and fields of application [D]. Kiev:Civil Engineering Institute,1965.

[71] DAVIDOVITS J. Geopolymer chemistry and properties [C]. Proceedings of the First European Conference on Soft Mineralogy,1988,132-136.

[72] VAN DEVENTER J S J,PROVIS J L,DUXSON P,et al. Reaction mechanisms in the geopolymeric conversation of inorganic waste to useful products [J]. Journal of Hazardous Materials,2007,(39):506-513.

[73] 张云升,孙伟,郑克仁,等. ESEM 追踪 K－PSDS 型地聚合物水泥的水化[J].建筑材料学报,2004,7(1):8-13.

[74] 段瑜芳,王培铭,杨克锐.碱激发偏高岭土胶凝材料水化硬化机理的研究[J].新型建筑材料,2006(1):22-25.

[75] 聂轶苗,马鸿文,杨静,等.矿物聚合材料固化过程中的聚合反应机理研究[J].现代地质,2006(2):340-346.

[76] 孙家瑛,诸培南,吴初航.矿渣在碱性溶液激发下的水化机理探讨[J].硅酸盐通报,1988(6):20-29.

[77] 刘江,史迪,张文生,等.硅钙渣制备碱激发胶凝材料的机理研究[J].硅酸盐通报,2014,33(1):6-10.

[78] 韩丹,车云轩,宋鹏,等.偏高岭土基地质聚合物的制备和力学性能研究[J].四川水泥,2014(5):120-123.

[79] 彭晖,李树霖,蔡春声,等.偏高岭土基地质聚合物的配合比及养护条件对其力学性能及凝结时间的影响研究[J].硅酸盐通报,2014,33(11):2809-2817.

[80] 郑娟荣,杨长利,陈有志,等.碱激发胶凝材料抗硫酸盐侵蚀机理的探讨

[J].郑州大学学报(工学版),2012,33(3):4-7.

[81] 朱晓丽.延缓碱－矿渣水泥凝结的研究[D].唐山:河北理工学院,2002.

[82] 闫少杰,宋少民.粉煤灰对碱－矿渣水泥及构件性能影响研究[J].江西建材,2015(12):149-154.

[83] 郑文忠,陈伟宏,张建华.碱矿渣胶凝材料作胶粘剂的植筋性能研究[J].武汉理工大学学报,2009(14):10-14.

[84] 郑文忠,陈伟宏,徐威,等.用碱激发矿渣耐高温无机胶在混凝土表面粘贴碳纤维布试验研究[J].建筑结构学报,2009,30(4):138-144.

[85] 郑文忠,朱晶,陈伟宏.用碱矿渣胶凝材料粘贴碳纤维布加固组合梁受力性能试验研究[J].铁道学报,2011,33(1):101-107.

[86] 郑文忠,陈伟宏,王明敏.用无机胶粘贴 CFRP 布加固混凝土梁受弯试验研究[J].土木工程学报,2010,43(4):37-45.

[87] 郑文忠,万夫雄,李时光.用无机胶粘贴 CFRP 布加固混凝土板抗火性能试验研究[J].建筑结构学报,2010,31(10):89-97.

[88] 郑文忠,万夫雄,李时光.用无机胶粘贴 CFRP 布加固混凝土板火灾后受力性能[J].吉林大学学报(工学版),2010,40(5):1244-1249.

[89] 郑文忠,万夫雄,李时光.无机胶粘贴 CFRP 布加固梁火灾后受力性能试验[J].哈尔滨工业大学学报,2010,42(8):1194-1198.

[90] 王维才,饶福才,唐和俊,等.碱矿渣混凝土干燥收缩性能与预测模型研究[J].建筑技术,2013,44(2):161-164.

[91] 杨长辉,王磊,田义,等.碱矿渣泡沫混凝土性能研究[J].硅酸盐通报,2016,35(2):555-560.

[92] 王聪,裴长春.不同掺入率玄武岩纤维对无熟料水泥再生混凝土梁的抗裂性能影响[J].江西建材,2018(5):16-19.

[93] 王晓博.复合掺料无水泥混凝土短柱轴压性能试验研究[D].延吉:延边大学,2015:36-43.

[94] 金漫彤.地聚合物固化生活垃圾焚烧飞灰中重金属的研究[D].南京:南京理工大学,2011:35-43.

[95] MOHAMAD G,FONSECA F S,VERMELTFOORT A T,et al.Strength,

behavior, and failure mode of hollow concrete masonry constructed with mortars of different strengths[J]. Construction and Building Materials, 2017, 134: 489-496.

[96] ZHOU Q, WANG F, ZHU F, et al. Stress - strain model for hollow concrete block masonry under uniaxial compression[J]. Materials and Structures, 2017, 50(2): 1-12.

[97] SARHAT S R, SHERWOOD E G. The prediction of compressive strength of ungrouted hollow concrete block masonry[J]. Construction and Building Materials, 2014, 58: 111-121.

[98] 李保德,王兴肖,娄霓. 植物纤维增强砌块砌体轴心受压试验研究与有限元分析[J]. 建筑结构,2011(8):129-133.

[99] 中华人民共和国住房和城乡建设部,中华人民共和国国家质量监督检验检疫总局. 砌体结构设计规范:GB 50003—2011[S]. 北京:中国建筑工业出版社,2011.

[100] 陈利群. 多排孔陶粒混凝土空心砌块砌体基本性能研究[D]. 长沙:长沙理工大学,2007:11-40.

[101] 张崇凤. 复合混凝土砌块砌体力学性能试验与研究[D]. 大连:大连理工大学,2015:18-44.

[102] 张怀金. 复合空心砌块砌体结构和抗震性能试验研究[D]. 南京:南京工业大学,2004:17-36.

[103] 祝英杰. 高强混凝土砌块砌体基本力学性能的试验研究及其动力分析[D]. 沈阳:东北大学,2001:35-63.

[104] 巩耀娜,刘立新. 混凝土普通砖砌体受压及受剪性能的试验研究[J]. 建筑结构,2008(4):111-114.

[105] ALECCI V, FAGONE M, ROTUNNO T, et al. Shear strength of brick masonry walls assembled with different types of mortar[J]. Construction and Building Materials, 2013, 40(7): 1038-1045.

[106] CORINALDESI V. Mechanical behavior of masonry assemblages manufactured with recycled-aggregate mortars[J]. Cement and Concrete

Composites,2009,31(7):505-510.

[107] MORICONI G,CORINALDESI V,ANTONUCCI R. Environmentally-friendly mortars:a way to improve bond between mortar and brick[J]. Materials and Structures,2003,36(10):702-708.

[108] PELÀ L,KASIOUMI K,ROCA P. Experimental evaluation of the shear strength of aerial lime mortar brickwork by standard tests on triplets and non-standard tests on core samples[J]. Engineering Structures,2017,136:441-453.

[109] WANG J,HEATH A,WALKER P. Experimental investigation of brickwork behaviour under shear,compression and flexure[J]. Construction and Building Materials,2013,48:448-456.

[110] SATHIPARAN N,ANUSARI M K N,SAMINDIKA N N. Effect of void area on hollow cement masonry mechanical performance[J]. Arabian Journal for Science and Engineering,2014,39(11):7569-7576.

[111] THAMBOO J A,DHANASEKAR M. Characterisation of thin layer polymer cement mortared concrete masonry bond[J]. Construction and Building Materials,2015,82:71-80.

[112] 朱飞. 灌芯砌块砌体与配筋砌块砌体力学性能研究[D]. 哈尔滨:哈尔滨工业大学,2017:17-96.

[113] 韩有鹏. 混凝土砌块砌体通缝剪切性能试验研究[D]. 哈尔滨:哈尔滨工业大学,2016:10-46.

[114] 郭樟根,孙伟民,彭阳,等. 再生混凝土小型空心砌块砌体抗剪性能试验[J]. 南京工业大学学报(自然科学版),2010,32(5):12-15.

[115] 董丽. 建筑垃圾再生骨料混凝土砌块配合比及其砌体基本力学性能研究[D]. 郑州:郑州大学,2014:32-61.

[116] 韦展艺,姜曙光,高德梅. 不同砂浆强度下蒸压粉煤灰砖砌体力学性能研究[J]. 新型建筑材料,2013(12):26-30.

[117] 魏威炜,高娃,杨燕. 蒸压粉煤灰砖砌体轴心抗拉试验方法设计[J]. 建筑砌块与砌块建筑,2015(6):50-52.

[118] JONAITIS B,MARČIUKAITIS G,VALIVONIS J. Analysis of the shear and flexural behaviour of masonry with hollow calcium silicate blocks[J]. Engineering Structures,2009,31(4):827-833.

[119] NALON G H,DE C. S. S. ALVARENGA R,PEDROTI L G,et al. Influence of the blocks and mortar′s compressive strength on the flexural bond strength of concrete masonry[C]. Cham:Springer International Publishing, 2018:565-574.

[120] THAMBOO J A,DHANASEKAR M,YAN C. Flexural and shear bond characteristics of thin layer polymer cement mortared concrete masonry[J]. Construction and Building Materials,2013,46:104-113.

[121] 杜云丹. 页岩多孔砖砌体基本力学性能试验研究[D]. 柳州:广西工学院, 2012:8-56.

[122] 张中脊,杨伟军. 蒸压灰砂砖砌体弯曲抗拉强度试验研究[J]. 新型建筑材料,2009(5):43-47.

[123] 黄榜彪,杜云丹,胡尚,等. 混凝土多排孔砖砌体弯曲抗拉强度试验研究[J]. 广西大学学报(自然科学版),2011(4):694-698.

[124] 陈小萍. 陶粒增强加气混凝土砌块的试制及其砌体性能试验研究[D]. 杭州:浙江大学,2006:25-50.

[125] 童丽萍,赵红垒,赵自东,等. 黄河淤泥承重多孔砖砌体弯曲抗拉强度的试验研究[J]. 四川建筑科学研究,2006(6):159-161.

[126] 张锋剑,白国良,刘超,等. 再生砂浆多孔砖砌体弯曲抗拉性能试验研究[J]. 四川建筑科学研究,2017(3):26-29.

[127] 中华人民共和国国家质量监督检验检疫总局,中国国家标准化管理委员会. 用于水泥中的粒化高炉矿渣:GB/T 203—2008[S]. 北京:中国标准出版社,2008.

[128] 中华人民共和国国家质量监督检验检疫总局,中国国家标准化管理委员会. 水泥标准稠度用水量、凝结时间、安定性检验方法:GB/T 1346—2011[S]. 北京:中国标准出版社,2011.

[129] BAYAT A,HASSANI A,YOUSEFI A A. Effects of red mud on the

properties of fresh and hardened alkali-activated slag paste and mortar[J]. Construction and Building Materials,2018,167:775-790.

[130] CHANG J J. A study on the setting characteristics of sodium silicate-activated slag pastes[J]. Cement and Concrete Research,2003,33(7):1005-1011.

[131] HOJATI M,RADLIŃSKA A. Shrinkage and strength development of alkali-activated fly ash-slag binary cements[J]. Construction and Building Materials,2017,150:808-816.

[132] 中华人民共和国国家质量监督检验检疫总局,中国国家标准化管理委员会. 混凝土外加剂匀质性试验方法:GB/T 8077—2012 [S]. 北京:中国标准出版社,2012.

[133] 国家质量技术监督局. 水泥胶砂强度检验方法(ISO 法):GB/T 17671—1999[S]. 北京:中国标准出版社,1999.

[134] 中华人民共和国国家发展和改革委员会. 水泥胶砂干缩试验方法:JC/T 603—2004[S]. 北京:中国建材工业出版社,2004.

[135] 何娟. 碱矿渣水泥石碳化行为及机理研究[D]. 重庆:重庆大学,2011:29-93.

[136] BERNAL S A. Effect of the activator dose on the compressive strength and accelerated carbonation resistance of alkali silicate-activated slag/metakaolin blended materials[J]. Construction and Building Materials,2015,98:217-226.

[137] BURCIAGA-DÍAZ O,ESCALANTE-GARCÍA J I. Structure,Mechanisms of Reaction,and Strength of an Alkali-Activated Blast-Furnace Slag[J]. Journal of the American Ceramic Society,2013,96(12):3939-3948.

[138] YIP C K,LUKEY G C,DEVENTER J S J V. The coexistence of geopolymeric gel and calcium silicate hydrate at the early stage of alkaline activation[J]. Cement and Concrete Research,2005,35(9):1688-1697.

[139] 王桂生. 碱激发粉煤灰/矿渣的干燥收缩变形研究[D]. 广州:广州大学,2018:29-53.

[140] FERNÁNDEZ-JIMÉNEZ A, PALOMO A, CRIADO M. Microstructure development of alkali-activated fly ash cement: a descriptive model[J]. Cement and Concrete Research, 2005, 35(6): 1204-1209.

[141] KOMNITSAS K, ZAHARAKI D, PERDIKATSIS V. Effect of synthesis parameters on the compressive strength of low-calcium ferronickel slag inorganic polymers[J]. Journal of Hazardous Materials, 2009, 161(2-3): 760-768.

[142] 叶家元. 活化铝土矿选尾矿制备碱激发胶凝材料及其性能变化机制[D]. 北京:中国建筑材料科学研究总院, 2015: 143-178.

[143] 郑文忠, 邹梦娜, 王英. 碱激发胶凝材料研究进展[J]. 建筑结构学报, 2019, 40(1): 28-39.

[144] 杨保先. 碱矿渣泡沫混凝土的配合比、工程性能和孔结构研究[D]. 青岛: 青岛理工大学, 2018: 27-55.

[145] 白云志. 碱激发矿渣的力学性能以及与微观表征的相关性研究[D]. 青岛: 青岛理工大学, 2016: 33-65.

[146] BERNAL S A, GUTIÉRREZ R M D, PEDRAZA A L, et al. Effect of binder content on the performance of alkali-activated slag concretes[J]. Cement and Concrete Research, 2011, 41(1): 1-8.

[147] HAHA M B, SAOUT G L, WINNEFELD F, et al. Influence of activator type on hydration kinetics, hydrate assemblage and microstructural development of alkali activated blast-furnace slags[J]. Cement and Concrete Research, 2011, 41(3): 301-310.

[148] RAVIKUMAR D, PEETHAMPARAN S, NEITHALATH N. Structure and strength of NaOH activated concretes containing fly ash or GGBFS as the sole binder[J]. Cement and Concrete Composites, 2010, 32(6): 399-410.

[149] YUAN B, YU Q L, BROUWERS H J H. Evaluation of slag characteristics on the reaction kinetics and mechanical properties of Na_2CO_3 activated slag[J]. Construction and Building Materials, 2017, 131: 334-346.

[150] GAO X, YU Q L, BROUWERS H J H. Properties of alkali activated slag-fly

ash blends with limestone addition[J]. Cement and Concrete Composites, 2015,59:119-128.

[151] FERNÁNDEZ-JIMÉNEZ A, PUERTAS F, SOBRADOS I, et al. Structure of Calcium Silicate Hydrates Formed in Alkaline-Activated Slag: Influence of the Type of Alkaline Activator[J]. Journal of the American Ceramic Society, 2010, 86(8): 1389-1394.

[152] ABDALQADER A F, JIN F, AL-TABBAA A. Development of greener alkali-activated cement: utilisation of sodium carbonate for activating slag and fly ash mixtures[J]. Journal of Cleaner Production, 2016, 113: 66-75.

[153] WANG S D, SCRIVENER K L, PRATT P L. Factors affecting the strength of alkali-activated slag[J]. Cement and Concrete Research, 1994, 24(6): 1033-1043.

[154] GEBREGZIABIHER B S, THOMAS R J, PEETHAMPARAN S. Temperature and activator effect on early-age reaction kinetics of alkali-activated slag binders[J]. Construction and Building Materials, 2016, 113: 783-793.

[155] FERNÁNDEZ-JIMÉNEZ A, PALOMO J G, PUERTAS F. Alkali-activated slag mortars: Mechanical strength behaviour[J]. Cement and Concrete Research, 1999, 29(8): 1313-1321.

[156] JIN F, GU K, AL-TABBAA A. Strength and drying shrinkage of reactive MgO modified alkali-activated slag paste[J]. Construction and Building Materials, 2014, 51: 395-404.

[157] 江星. 氧化镁膨胀剂对碱矿渣砂浆收缩行为的影响[D]. 重庆: 重庆大学, 2017: 19-62.

[158] CENGIZ D A, BILIM C, ÇELIK Ö, et al. Influence of activator on the strength and drying shrinkage of alkali-activated slag mortar[J]. Construction and Building Materials, 2009, 23(1): 548-555.

[159] JIN F, AL-TABBAA A. Strength and drying shrinkage of slag paste activated by sodium carbonate and reactive MgO[J]. Construction and Building Materials, 2015, 81: 58-65.

[160] BROUGH A R,ATKINSON A. Sodium silicate-based,alkali-activated slag mortars:Part I. Strength,hydration and microstructure[J]. Cement and Concrete Research,2002,32(6):865-879.

[161] PUERTAS F,TORRES-CARRASCO M. Use of glass waste as an activator in the preparation of alkali-activated slag. Mechanical strength and paste characterisation[J]. Cement and Concrete Research,2014,57:95-104.

[162] 史才军,元强. 水泥基材料测试分析方法[M]. 北京:中国建筑工业出版社,2018:207-214.

[163] ABDALQADER A F,JIN F,AL-TABBAA A. Characterisation of reactive magnesia and sodium carbonate-activated fly ash/slag paste blends[J]. Construction and Building Materials,2015,93:506-513.

[164] EL-DIDAMONY H,AMER A A,ABD ELA-ZIZ H. Properties and durability of alkali-activated slag pastes immersed in sea water[J]. Ceramics International,2012,38(5):3773-3780.

[165] BERNAL,SUSAN A,PROVIS,et al. Microstructural changes in alkali activated fly ash/slag geopolymers;with sulfate exposure[J]. Materials and Structures,2013,46(3):361-373.

[166] PUERTAS F,A F. Mineralogical and microstructural characterisation of alkali-activated fly ash/slag pastes[J]. Cement and Concrete Composites,2003,25(3):287-292.

[167] PUERTAS F,PALACIOS M,MANZANO H,et al. A model for the C-A-S-H gel formed in alkali-activated slag cements[J]. Journal of the European Ceramic Society,2011,31(12):2043-2056.

[168] LLOYD R R,PROVIS J L,VAN DEVENTER J S J. Pore solution composition and alkali diffusion in inorganic polymer cement[J]. Cement and Concrete Research,2010,40(9):1386-1392.

[169] 明德斯,杨 J,达尔文. 混凝土[M]. 北京:化学工业出版社,2005:53-82.

[170] KOMLJENOVIĆ M,BAŠAREVÍ Z,BRADÍ V. Mechanical and microstructural properties of alkali-activated fly ash geopolymers[J].

Journal of Hazardous Materials,2010,181(1):35-42.

[171] WANG S,SCRIVENER K L. Hydration products of alkali activated slag cement[J]. Cement and Concrete Research,1995,25(3):561-571.

[172] RICHARDSON I G,GROVES G W. Microstructure and microanalysis of hardened cement pastes involving ground granulated blast-furnace slag[J]. Journal of Materials Science,1992,27(22):6204-6212.

[173] ZHANG Y,WEI S,WEI S,et al. Synthesis and heavy metal immobilization behaviors of fly ash based gepolymer[J]. Journal of Wuhan University of Technology,2009,24(5):819.

[174] YUSUF M O,JOHARI M A M,AHMAD Z A,et al. Effects of addition of $Al(OH)_3$ on the strength of alkaline activated ground blast furnace slag-ultrafine palm oil fuel ash (AAGU) based binder[J]. Construction and Building Materials,2014,50:361-367.

[175] COLLINS F,SANJAYAN J G. Effect of pore size distribution on drying shrinking of alkali-activated slag concrete[J]. Cement and Concrete Research,2000,30(9):1401-1406.

[176] WITTMANN F H. Creep and Shrinkage Mechanisms[J]. Creep and Shrinkage in Concrete Structures,1982,143.

[177] 郑文忠,黄文宣,焦贞贞,等. 碱矿渣陶粒混凝土基本性能试验研究[J]. 北京工业大学学报,2017(8):1182-1189.

[178] 中华人民共和国住房和城乡建设部. 建筑砂浆基本性能试验方法标准:JGJ/T 70—2009[S]. 北京:中国建筑工业出版社,2009.

[179] 中华人民共和国国家质量监督检验检疫总局,中国国家标准化管理委员会. 水泥胶砂流动度测定方法:GB/T 2419—2005[S]. 北京:中国标准出版社,2005.

[180] 区杨荫. 蒸压养护地聚合物的研究[D]. 长沙:湖南大学,2015:20-37.

[181] 吴福飞,董双快,赵振华,等. 水泥种类对砂浆收缩性能和孔结构参数的影响[J]. 水资源与水工程学报,2018,29(3):207-211.

[182] 张国防,陆小培,和瑞,等. 高吸水性聚合物对水泥砂浆长期收缩性能的影

响[J].建筑材料学报,2018,21(3):472-477.

[183] BAKHAREV T,SANJAYAN J G,CHENG Y. Alkali activation of Australian slag cements[J]. Cement and Concrete Research,1999,29(1):113-120.

[184] FERNANDEZ-JIMENEZ A,PUERTAS F. Setting of alkali-activated slag cement. Influence of activator nature [J]. Advances in Cemment Research,2001,3(13):115-121.

[185] FERNANDEZ-JIMENEZ A,PUERTAS F. Effect of activator mix on the hydration and strength behaviour of alkali-activated slag cements[J]. Advances Cement Research,2003,3(15):129-136.

[186] PUERTAS F,VARGA C,ALONSO M M. Rheology of alkali-activated slag pastes. Effect of the nature and concentration of the activating solution[J]. Cement and Concrete Composites,2014,53(10):279-288.

[187] JIN F,GU K,AL-TABBAA A. Strength and hydration properties of reactive MgO-activated ground granulated blastfurnace slag paste[J]. Cement and Concrete Composites,2015,57:8-16.

[188] YUAN B,STRAUB C,SEGERS S,et al. Sodium carbonate activated slag as cement replacement in autoclaved aerated concrete[J]. Ceramics International,2017,43(8):6039-6047.

[189] YE H,RADLIŃSKA A. Shrinkage mitigation strategies in alkali-activated slag[J]. Cement and Concrete Research,2017,101:131-143.

[190] CHI M. Effects of modulus ratio and dosage of alkali-activated solution on the properties and micro-structural characteristics of alkali-activated fly ash mortars[J]. Construction and Building Materials,2015,99:128-136.

[191] 杨伟军,祝晓庆,禹慧.混凝土多孔砖砌体弯曲抗拉强度试验研究[J].建筑结构,2006(11):71-72.

[192] GEBREGZIABIHER B S,THOMAS R,PEETHAMPARAN S. Very early-age reaction kinetics and microstructural development in alkali-activated slag[J]. Cement and Concrete Composites,2015,55:91-102.

[193] DEMIE S,NURUDDIN M F,SHAFIQ N. Effects of micro-structure

characteristics of interfacial transition zone on the compressive strength of self-compacting geopolymer concrete[J]. Construction and Building Materials,2013,41:91-98.

[194] 中华人民共和国国家质量监督检验检疫总局,中国国家标准化管理委员会. 混凝土砌块和砖试验方法:GB/T 4111—2013[S]. 北京:中国标准出版社,2013.

[195] 中华人民共和国国家质量监督检验检疫总局,中国国家标准化管理委员会. 混凝土实心砖:GB/T 21144—2007[S]. 北京:中国标准出版社,2007.

[196] 中华人民共和国住房和城乡建设部,中华人民共和国国家质量监督检验检疫总局. 砌体基本力学性能试验方法标准:GB/T 50129—2011[S]. 北京:中国建筑工业出版社,2011.

[197] 过镇海. 混凝土的强度和变形[M]. 北京:清华大学出版社,1997:20-95.

[198] 施楚贤. 砌体结构理论与设计[M]. 北京:中国建筑工业出版社,1992:9-13.

[199] 孙小巍,吴陶俊. 碱激发矿渣胶凝材料的试验研究[J]. 硅酸盐通报,2014(11):3036-3040.

[201] 王熊鑫. 碱矿渣再生骨料混凝土试验研究[D]. 昆明:昆明理工大学,2017:33-61.

[202] 付兴华,陶文宏,孙凤金. 水玻璃对地聚物胶凝材料性能影响的研究[J]. 水泥工程,2008(2):6-9.

名词索引

J

K

L

M

N

Y

Z